建筑设计要素丛书

建筑细部

Building Detail

杜 鹃 张 佳 编著

中国建筑工业出版社

图书在版编目（CIP）数据

建筑细部 = Building Detail / 杜鹃，张佳编著
.—北京：中国建筑工业出版社，2022.9
（建筑设计要素丛书）
ISBN 978-7-112-27728-5

Ⅰ.①建… Ⅱ.①杜… ②张… Ⅲ.①建筑结构—细部设计 Ⅳ.①TU22

中国版本图书馆CIP数据核字（2022）第144895号

责任编辑：唐　旭　吴　绫
文字编辑：李东禧　孙　硕
书籍设计：锋尚设计
责任校对：李美娜

建筑设计要素丛书
建筑细部
Building Detail
杜　鹃　张　佳　编著
*
中国建筑工业出版社出版、发行（北京海淀三里河路9号）
各地新华书店、建筑书店经销
北京锋尚制版有限公司制版
北京中科印刷有限公司印刷
*
开本：787 毫米×1092 毫米　1/16　印张：11½　字数：217 千字
2022 年 9 月第一版　2022 年 9 月第一次印刷
定价：**45.00**元
ISBN 978-7-112-27728-5
（39747）

总序

何为建筑？

何为建筑设计？

这些建筑的基本问题和思考，不同的建筑师有着不同的体会和答案。

就建筑形式和构成而言，建筑是由多个要素构成的空间实体，建筑设计就是对相关要素的组合，所谓设计能力亦是对建筑要素的组合能力。

那么，何为建筑要素？

建筑要素是个大的范畴和体系，有主从之分和相互交叉。本丛书结合已建成的优秀案例，选取九个要素，即建筑中庭、建筑入口、建筑庭院、建筑外墙、建筑细部、建筑楼梯、外部环境、绿色建筑和自然要素，图文并茂地进行分析、总结，意在论述各要素的形成、类型、特点和方法，从设计要素方面切入设计过程，给建筑学以及相关专业的学生在高年级学习和毕业设计时作为参考书，成为设计人员的设计资料。

我们在教学和设计实践中往往遇到类似的问题，如有一个好的想法或构思，但方案继续深化，就会遇到诸如“外墙如何开窗？入口形态和建筑细部如何处理？建筑与外部环境如何融合？建筑中庭或庭院在功能和形式上如何组织？”等具体的设计问题；再如，一年级学生在建筑初步中所做的空间构成，非常丰富而富有想象力，但到了高年级，一结合功能、环境和具体的设计要求就会显得无所适从，不少同学就会出现一强调功能就是矩形平面，一讲造型丰富就用曲线这样的极端现象。本丛书就像一本“字典”，对不同要素的建筑“语言”进行了总结和展示，可启发设计者的灵感，犹如一把实用的小刀，帮助建筑设计师游刃有余地处理建筑设计中各要素之间的关联，更好地完成建筑设计创作，亦是笔者最开心的事。

经过40多年来的改革开放，中国取得了举世瞩目的建设成就，涌现出大量具有时代特色的建筑作品，也从侧面反映了当代建筑教育的发展。从20世纪80年代的十几所院校到如今的300多所，我国培养了一批批建筑设计人才，成为设计、管理、教育等各行业的专业骨干。从建筑教育而言，国内高校大多采用类型的教学方法，即在专业课建筑设计教学中，从二年级到毕业设计，通过不同的类型，从小到大，由易至难，从不同类型的特殊性中学习建筑的共性，即建筑设计的理论和方法，这是专业教育的主线。而建筑初步、建筑历史、建筑结构、建筑构造、城乡规划和美术等课程作为基础课和辅线，完成对建筑师的共同塑造。虽然在进入21世纪后，各高校都在进行教学改革，致力于宽基础、强专业的执业建筑师培养，各具特色，但类型的设计本质上仍未改变。

本书中所研究的建筑要素，就是建筑不同类型中的共性，有助于专业人士在建筑教学过程中和设计实践中不断地总结并提高认识，在设计手法和方法上融会贯通，不断与时俱进。

这就是建筑要素的重要性所在，两年前郑州大学建筑学院顾馥保教授提出了编写本丛书的构想并指导了丛书的编写工作。顾老师1956年毕业于南京工学院建筑学专业（现东南大学），先后在天津大学、郑州大学任教，几十年的建筑教育和创作经历，成果颇丰。郑州大学建筑学院组织学院及省内外高校教师，多次讨论选题和编写提纲，各分册以1/3理论、2/3案例分析组成，共同完成丛书的编写工作。本丛书的成果不仅是对建筑教学和建筑创作的总结，亦是从建筑的基本要素、基本理论、基本手法等方面对建筑设计基本问题的回归和设计方法的提升，其中大量新建筑、新观念、新手法的介绍，也从一个侧面反映了国内外建筑创作的发展和进步。本书将这些内容都及时地梳理和总结，以期对建筑教学和创作水平的提升有所帮助。这亦是本丛书的特点和目标。

谨此为序。在此感谢参与丛书编写的老师们的工作和努力，感谢中国建筑出版传媒有限公司（中国建筑工业出版社）胡永旭副总编辑、唐旭主任、吴绫副主任对本丛书的支持和帮助！感谢李东禧编审、孙硕编辑、陈畅编辑的辛苦工作！也恳请专家和广大读者批评、斧正。

郑东军

2021年10月26日

于郑州大学建筑学院

前言

建筑之美体现在哪里？很多设计者在设计过程中都会反复遇到这样一个问题。答案其实很多，建筑之美，美在形态，美在空间，美在风格，美在色彩，美在材质……但是有一点常常被设计者们忽略，而这往往也是使作品焕发建筑之美的关键——那就是细部设计。

对于一座建筑而言，细部是建筑的局部，细部见精神，细部见品质，细部见完美。而环顾我们周边的建筑，虽风格多样高楼林立，然而精致又优美的建筑却并不多见。日本建筑师芦原义信曾指出“中国的整体本位的建筑，常常不太注意细部，中国的豪华旅馆外观看上去十分华丽，但当你走进去经常会碰到细部处理的问题。”许多建筑作品形象粗糙生硬、体量组合与细部处理缺乏精细推敲，致使很大体量的建筑一砖到底，粘贴方式、色彩、质感均无变化，缺乏亲切感和表现力。因而，“没有细部，不耐看，不能近看”成了许多我国城市建筑的通病。

所以我们需要重视建筑细部并且恰当地进行设计，需要认识到细部设计是构成整个建筑设计的重要组成部分，建筑设计本身就是一个从整体到局部不断推敲和逐步完善的过程，而细部设计是整个设计过程中必不可少的重要步骤之一。

本书从设计者们最关心、最易入手的设计问题出发，通过丰富的图例和翔实的文字解说细部如何设计，深入浅出，易学易用。

本书共有3章，第1章为概述，以世界建筑史的视角，阐述了细部的起源，分析其细部的特征与发展，生动简明地介绍了古典建筑的典型细部，并通过丰富的实例图片来展示细部的发展变化。

第2章主要讲解建筑细部的作用与特征。从实用价值、审美价值、尺度感知和实现技术这四个方面来介绍细部的作用。在特征方面，通过探讨建筑的民族性与地域性、符号性与象征性、文化性与历史性这几个方面来阐释细部所能展现的丰富内涵。并阐述了建筑部位划分方式与建筑细部的关系，如檐部、门窗、柱子、阳台等，使读者能更深入地了解和掌握细部的构成。

第3章主题为现代建筑的细部，在理解了细部构成之后，通过本章可以使初学者掌握细部设计的具体手法。本章主要阐述了现代建筑细部的设计手法，从建筑细部的传承与发展出发，讨论了传承型、探索型、现代型等细部的设计方法，最后讲解了现代细部的构成方法，分析了构成要素与细部的关系、设计与构成的方法，简明扼要，易学易懂。

本书在顾馥保教授的指导下，由杜鹃、张佳编纂而成，闫姗对此书亦有贡献。在编写过程中还得到了郑州大学建筑学院的大力支持和帮助，特此致谢！

作为本书的编者，期望通过这本《建筑细部》能够为从事建筑与其相关专业的设计人员提供一定的理论认识与丰富的优秀案例，也欢迎读者提出宝贵意见和建议。

目录

1

概述

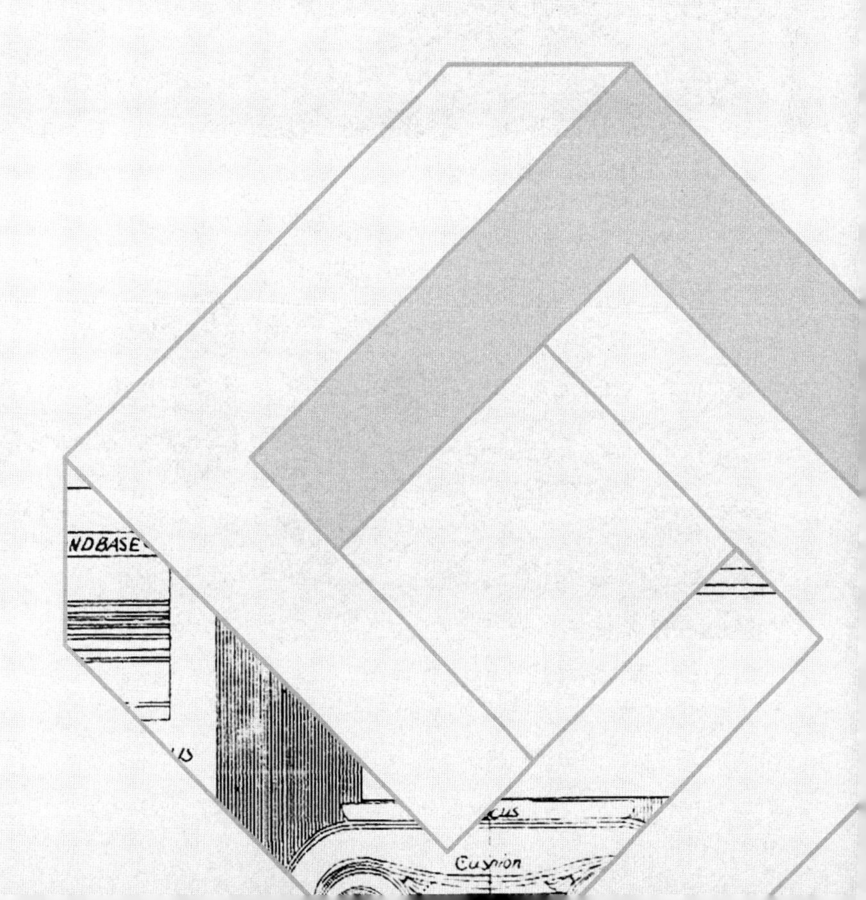

回顾中外古典优秀建筑，以西方古典建筑为代表的雅典帕提农神庙（图1-0-1）、罗马万神庙等殿堂（图1-0-2）、府第；以中国明清故宫为代表的中国古典建筑群（图1-0-3），还有宅院、民居、园林（图1-0-4），以伊斯兰风格为代表的阿拉伯国家的清真寺院、宫殿、陵墓（图1-0-5），以及林林总总屹立在世界建筑之林的各国著名建筑（图1-0-6），无一不是以其精美的、各具特色的建筑形象与建筑细部散发着各自的建筑魅力。

通过对中外建筑史的研习，加深了对建筑细部的认知与积累，为建筑创作的传承与发展，不仅提供了丰富的素材，同时可以提高设计师们的建筑审美意识，启迪创作灵感。20世纪初肇始的现代建筑经历了百余年的发展，对传统建筑细部的认知、继承既有着颠覆性的否定，也有着后现代主义理论潮

图1-0-1　雅典帕提农神庙
（图片来源：网络）

图1-0-2　罗马万神庙
（图片来源：网络）

图1-0-3　明清北京故宫
（图片来源：网络）

图1-0-4　苏州园林
（图片来源：网络）

图1-0-5　伊斯兰清真寺
（图片来源：网络）

（a）印度泰姬陵　　（b）美国帝国大厦

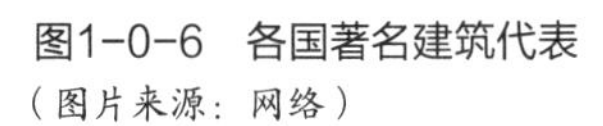

图1-0-6　各国著名建筑代表
（图片来源：网络）

（a）金属材质现代风格的窗檐

（b）木质传统风格的窗檐

图1-0-7　建筑细部代表

流下的提取、解构与重组；既有以“少即是多（Less is more）”与“少令人生厌”等为代表的激进理论的对立，也有调和、折中的表述与实践，现代主义走向了多元、多向的时代。随着现代主义对建筑形式大刀阔斧地简化和抽象，建筑细部的表达越来越自由也越来越模糊，细部对于建筑的意义已与往日大为不同。

就像秦牧先生在《艺海拾贝》中所言，“没有精彩的细部，就很难有卓越的整体。”建筑的细节蕴含着建筑的多样化信息，尤其是在定义历史建筑特征的时候发挥着多种作用：它们增加了视觉趣味，定义了某些建筑风格和类型，并经常展示卓越工艺和建筑设计，例如窗檐、支架和柱子可以展示材料和饰面（图1-0-7），也可以展示通常与特定的风格。因此，它们的存在是极其重要的。正是这些细部，让这些建筑瑰宝从浩荡的历史中缓缓地走近我们，让我们更真切地感受到她的力与美。细部就是连接观者与建筑的纽带，让建筑更容易、更深刻地被理解。贝聿铭先生说过，一个好的设计不仅要有好的构思，而且细部要到位，正是所谓的“设计是能力，细部是修养”。

1.1　什么是建筑细部

1.1.1　建筑细部的概念

“细部”，即细微的部分，在词典里解释为“制图或复制图画时用较大的比例画出或印出的某一个部分”，是建筑行业对于建筑细节部分的专称。那么是不是建筑所有能够被放大的地方都叫作细部呢？一块砖一块瓦么？显然，对于建筑而言这个定义也不够准确。

文艺复兴时期的建筑师安德烈·帕拉第奥（Andrea Pallad）曾说过，美应当来自于局部对整体和形式的呼应，局部与局部的连接——建筑应当以整体出现，每部分与其他部分以及所有必须展现出来的部分保持一致。帕拉第奥这个对于美的解释很好地展现了他的建筑观，也揭示了西方古典建筑美学的一个理念。例如圣索菲亚大教堂（Hagia Sophia）中支撑主穹顶的帆栱（图1-1-1），四个三角凹面砖石结构将世界上最大最美丽的圆顶之一架设在了恢宏的大厅之上，解决了当时世界上的建造难题。这帆拱相对于教堂就是细部，连同穹顶共同构成了教堂的核心，倘若帆拱从其中被抽离出来，它的伟大便荡然无存。日本建筑大师黑川纪章曾说，“建筑细部就是建筑的一个局部，从远处看，从整体上看这个局部，它们并没有很强的个性，然而，当人们逐渐贴近它们，观察它们，就会发现一个全新的世界，这样的局部就是细部。”正如黑川先生在东京国立美术馆新馆（图1-1-2）的设计中所作的那样，圆塔形的入口完美地嵌入波浪形的玻璃立面，甚至连自动开关的玻璃门也是不规则的梯形，并不垂直于地面但却能天衣无缝地融入，建筑形体宏大而隆重，细节处却是精致又浪漫。由此可知，建筑细部是相对于建筑整体而存在的，具有独特的意义，在建筑设计中也需要特殊考虑。

图1-1-1　圣索菲亚大教堂内的帆栱
（图片来源：网络）

建筑细部就像是组成文章的语句，是表达和描述设计者建构的空间场所的部件，是创造建筑意境中表达情感、展现历史的主要手段。而它本身的意义不仅存在于建筑整体中，即使在建筑被拆解后仍存在于其细部中。就像至今仍然屹立在雅典卫城山顶部的残垣断柱一样，残缺的檐部，模糊的三

图1-1-2　东京国立美术馆新馆入口
（图片来源：网络）

图1-1-3　帕提农神庙的三陇板
（图片来源：网络）

图1-1-4　圆明园里的单孔残桥
（图片来源：网络）

陇板（图1-1-3），穿越千年向我们诉说帕提农神庙至高无上的荣耀与辉煌；就像孑然独立于圆明园遗址里的单孔残桥（图1-1-4），断裂的石柱，破碎的拱券，默默地见证世事兴衰，哀叹着曾经的奢华。建筑细部不仅传达精神——体现形式的美感，传递约定俗成的信息；也承担功能——能够满足某种实用要求，有的起结构作用，比如柱础、雀替；有的起围护作用，比如椽条、美人靠等。传统上常常将建筑细部依此分为两类：对建筑的构造、功能、结构组成起作用的细部称为构造性细部，对建筑起到美化装饰作用的细部称为装饰性细部。前者如墙体、窗、门等，后者则包括线脚、花饰等装饰物。然而在实际中，构造和装饰常常无法分离，许多细部无法单纯依据这种分类方法被归纳，例如伊斯兰建筑中的钟乳拱（图1-1-5），又称蜂窝拱，由一个个层叠的小型半穹窿组成，在结构上起出挑作用，同时又在造型上形成了独具一格的装饰。又例如中国古典建筑中的斗栱（图1-1-6）等，既是构造也是装饰。

那么我们如何来定义和分类细部呢？由前述可知，细部既存在于建筑的表面也存在于建筑的内部，既可以作单纯的美化装饰，也可以作多功能的结构构件，但无论细部的类型有多少样，它们常常位于建筑各个部分的连接处，体现功能，充当结构，也可以仅仅是美观的形态和材料等，与其他部分一起共同构成了建筑的整体。因此，本书中所表述的细部是指位于建筑局部的连接处，具有一定审美价值、实用价值和结构价值的细节部分。由此定义可知，建筑细部不是以体量的大小来区分的，而是整体中的一部分，能独立表达一定的意义，具有一定的功能。

在传统的认知中，我们平常熟悉的细部就是门窗、柱子之类按照建筑部位来划分的，而在现代建筑中，这种划分方式往往难以涵盖所有类型。所以

图1-1-5　钟乳拱
（图片来源：网络）

图1-1-6　中国古典建筑的斗栱
（图片来源：网络）

在本书中，考虑到读者的阅读特点，为了方便查阅学习，在建筑部位的归类中，我们选择了建筑从业者们最熟悉并经常需要面对的屋盖和檐部、柱子与柱廊、门窗与阳台这些节点来详细讲解。在风格流派的归类中，为了使本书读者能尽快与实际建筑设计工作接轨，我们主要以现代建筑为主，通过探索传承型、探索型、现代型细部的设计手法，来为设计师们提供简明的指引，并通过大量的图片举例说明现代细部的构成方法。

1.1.2　细部的起源与发展

细部并不是在建筑诞生之初就伴随产生的。在上古时代，我们的祖先为了寻求遮风避雨、躲避野兽的容身之所，走入山洞，《易・系辞》曰“上古穴居而野处”。从早期人类的北京周口店、山顶洞穴居遗址开始，原始人居住的天然岩洞在辽宁、贵州、广州、湖北、江西、江苏、浙江等地都有发现，可见穴居是当时的主要居住方式，它满足了原始人对生存的最低要求。那时的穴居，若作为建筑来看待，则极度的简陋粗糙，结合当时低下的建筑技术和工具使用情况，不具备产生细部的可能性。

即便后来我们的祖先从山洞中走出来，开始搭建更为复杂的巢居，也不过是一种求生的本能。《孟子滕文公》："下者为巢，上者为营窟"。与北方流行的穴居方式不同，南方湿热多雨的气候特点和多山密林的自然地理条件自然孕育出云贵、百越等南方民族"构木为巢"的居住模式。此时原始人尚未对这种"木构"建造有明确的意识，只不过是随钻木取火，劈砸石器等无意识条件反射而诞生的一种社会行为，严格地讲，这算不得建筑，也更不用谈建筑细部了。

通过对远古时代的房屋进行考察，我们了解到无论是巢居还是穴居，其形成的动机只是起到最基本的原始遮蔽功能，那时还不能有产生细部的前提。但是当人们有意识地在地面建造房屋时，作为围护结构的墙体的出现就成为必然。德国建筑理论家森佩尔（Gottfried Semper）提出过一个动机学说：墙出现的动机和本质是对空间的围合和划分，而不是为了支撑而产生的，那么其材料首先就选用当时最容易取得的各种植物的藤或茎组成的编织物。森佩尔在1859～1860年完成的著作《编织艺术》中分析了各种编织方法和建筑的关系。他认为，从某种程度上而言，建造房屋的开端与编织活动的开端是密不可分的。森佩尔认为建筑墙体的表面装饰最早起源是用树枝绑扎做成的栅栏，然后逐渐演变为用树皮和柳条等编织的技艺，再进化到纺线、纺丝和织物等，这些编织品和纺织品（图1-1-7）被悬挂起来作为建筑的围合，成为"dressing（敷面）"，随后又发展出了抹灰、木板+金属装饰、陶饰面、雪花石膏和花岗石等[①]。由此可知，编织作为最早的装饰，因编织活动这一

图1-1-7　尼日利亚村落的茅草屋

（图片来源：网络）

非洲大陆上现今依然存有大量以泥土、茅草和树枝作为材料建成的小屋。茅草屋作为一种从原始部落时期流传至今的建筑形式，保留了早期人类建造时使用编织材料和形式的痕迹。

① 马进，杨靖，当代建筑构造的建构解析．南京：东南大学出版社，2005.

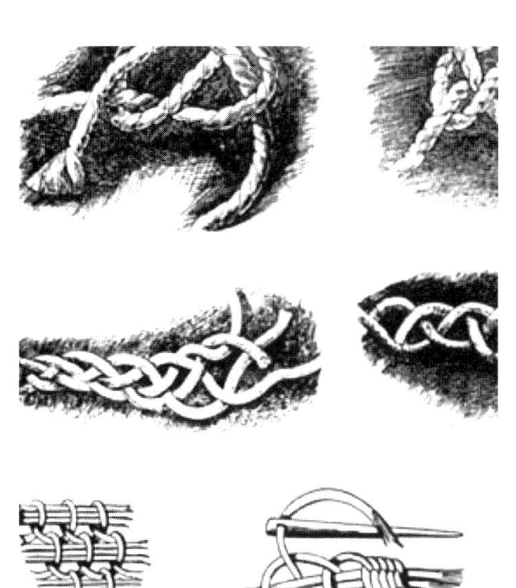

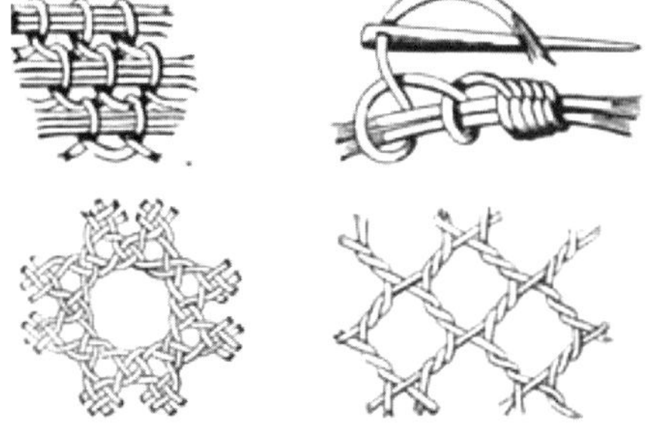

图1-1-8　各种类型的结

（图片来源：Semper, G. *Style in the Technical and Tectonic Arts; or, Practical Aest*, Michael R.(Trans). Los Angeles: Getty Research Institute, 2004）

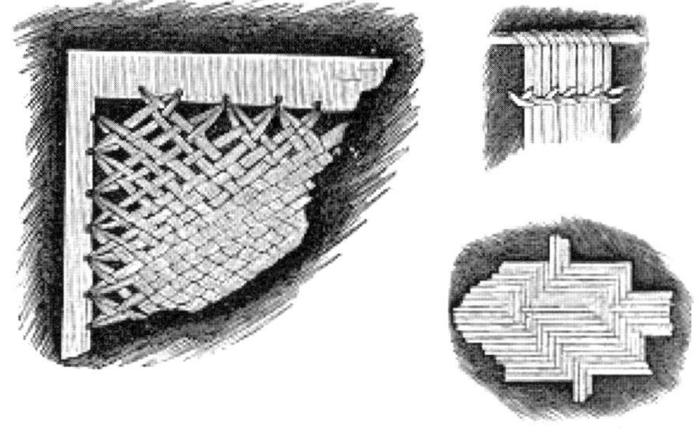

图1-1-9　编织的技巧

（图片来源：Semper, G. *Style in the Technical and Tectonic Arts; or, Practical Aest*, Michael R.(Trans). Los Angeles: Getty Research Institute, 2004）

功能的需要，也就出现了“结”这种古老的技术（图1-1-8），同时基于不同的柔性材料也出现了各种编制的图案，这些“结”或图案都是经由“设计”的结果，这时，最早的细部产生了。

森佩尔认为，编织工艺一直是墙的本质，席垫、编织毯等是最早的空间划分工具，并在后来成为墙体装饰的基本动机。所以当后来的轻质编织物演变为黏土砖、石材墙的时候，这些材料还在外观上以其堆砌手法残留着编织物的装饰作用（图1-1-9）。而这，可以视作细部的遗传和变异。

从功能产生构造措施，进一步美化，才有了细部。以中国古代建筑为例，木制的柱子极容易受潮腐烂，所以增加了石制的柱础，额枋与雀替不仅增加梁的抗剪力还加大了结构梁距。所以功能的需求和技术的进化一直是细部产生和演变的主要原始动因。例如，两河流域下游的古代西亚建筑，通常有着色彩斑斓的饰面，其原始动机也是为了保护墙面。古西亚时期，两河流域气候湿润，暴雨繁多，为了保护土坯墙免受雨水侵蚀，因此在砌筑建筑的时候趁土坯尚在潮软之时，在建筑的重要部位嵌进去长约12厘米的圆锥形陶钉。密集嵌入的陶钉常常被涂成彩色，组成了各种图案，最终形成了兼具保护和装饰性的陶钉饰面（图1-1-10）。后来，更方便的沥青材料产生了，人们用沥青替代了陶钉作为防水材料。但沥青这种材料不耐阳光曝晒，所以人们又不得不在其外面贴上各种颜色的石片和贝壳，又形成了新的色彩绚烂的装饰图案。而这种变化和传承将早期用陶钉做大面积彩色饰面的传统保留了下来。

有趣的是，与两河流域相隔几千公里的中国，在古代建筑的装饰上也采用了相似的手法：我国古代木构建筑中特有的“彩画”（图1-1-11），其产生的最初动因是为了保护木材免受虫蛀，此后为了美观而演变出各种图案。与此相似的是我国古代宫殿大门上也用到了“钉”这种元素，比如彰显皇室恢宏气势的红门金钉（图1-1-12）。这种形式的门称为版门，是由模板并列，加上横串，用铁钉连接木板和横串，再在铁钉上加盖帽以防止雨水侵蚀，这就是门钉的产生。它和筒瓦上的盖帽相似，都位于结构的连接处，是一种必要的构件。但清代以后把门钉的数量和等级联系到了一起。据《大清会典》记载“宫殿门庑皆崇基，上复黄琉，门设金钉。”“坛庙圆丘外内垣门四，皆朱扇金钉，纵横各九。”对亲王、郡王、公侯等官府使用门钉数量也有明确规定：亲王府制正门五间、门钉纵九横七。世子府制正门五间、金钉减亲王七之二，郡主、贝勒、贝子、镇国公、辅国公与世子府同，公门钉纵横皆七，侯以下至男递减至五五，均以铁。后来，门的构造改进了，结构上不再需要门钉这种构件了，但门钉作为一种装饰性细部却被长久地保存了下来。

同样的，檐口和窗头的产生是为了保护建筑立面免受雨水侵蚀；额枋、栱和各种过梁的产生也是由于保持洞口上方墙体的连续性要求；还有石材边缘部分被加工以减少尖角，并且加以花饰浮雕等来保护转角部分等。这些例子都说明了细部的起源和传承。总结一下，建筑细部自诞生起就是出于技术上和功能上的需要，而后又逐渐变为一种精确的艺术形式，所以我们可以得出结论：细部是由于功能的需要，经过一种技艺的打磨与营造的过程而产生的，它蕴含了人类渴望美的动机。这一结论也与黑格尔关于建筑艺术的起源学说相吻合：“建筑首先要适应一种需要，是一种与艺术无关的需要”，这里的“需要”指的是功能，“还出现另一种动机，要求艺术形象和美时，这种建筑就要显出一种分化”，于是出现了“美的形象的遮蔽物”。

将黑格尔的理论扩展到建筑细部，可以发现，建筑细部在物质功能方面的需求，如关于材料、结构、构造等物理方面的问题，是属于美的客观范畴，是建筑活动的低级层次，处于原发性阶段；而细部的形式则涉及审美方面，关乎人的心理机能和智慧创造，属于美的主观范畴，是建筑活动的较高层次，处于继发性阶段。前者是细部产生的实际契机，后者则是细部美的真

图1-1-10　两河流域乌鲁克建筑的陶钉饰面
（图片来源：网络）

图1-1-11　故宫太和殿门廊彩画
（图片来源：网络）

图1-1-12　故宫红门金钉
（图片来源：网络）

正动因。由此我们可以知道细部并不是天生存在的，其产生是由人类对建筑的物质功能需求和审美需求驱动的。在某些情况下甚至会出现为纯粹的审美需求而设计的细部，比如建筑立面的窗户，只需要满足采光与通风等技术要求之后，其形式、大小、位置、比例常常可以根据建筑风格或者业主喜好而定，可以是条形窗、竖向窗、转角窗、不规则窗等任何一种，而这种选择则是出于纯粹的美学考虑而已。

而到了现代主义时期，细部的概念则面临了巨大的挑战，越来越多的现代建筑师声称细部是不必要的。扎哈·哈迪德（Zaha Hadid）说如果细部被设计得好，它们就会消失。雷姆·库哈斯（Rem Koolhaas）于细部的评估也同样是咄咄逼人，他想消灭它们："好多年来，我们一直关注在无细部上。有的时候我们能成功——它不见了，被抽象化了；有的时候我们失败了——它还在那儿。细部应该消失——它们是老建筑。"

1.2　建筑细部的认知

人们在欣赏建筑时候，通常首先感受到的是建筑的整体造型、表面材料等一些非常宏观的要素，然而能给人留下切肤认知感受的却往往是组成整体的一个个细小的节点，正是这些细节设计累积而成了动人心魄的建筑实体。

1.2.1　从宏观到微观

建筑细部依附于建筑整体而存在，其构思也要依赖于建筑整体造型的构思，其设计是对整体造型的深化和完善。细部与建筑，就像细胞与人体的关系。细部设计是一个建筑的落实和支撑。除了宏观立面构图，表现风格，最重要的方面就是各种细部。精致的细部常常使建筑更为完整，风格更为统一。比如现代主义的代表作——芝加哥湖滨公寓（Lake Shore Drive），整个体块简单至极，立面以纯净的玻璃幕墙显示，密斯为了显示工业化的风格，在玻璃幕墙的表皮上加以工字钢以强调与彰显整体风格的统一（图1-2-1）。又比如，理查德·迈耶（Richard Meyer）设计的法兰克福应用美术馆（图1-2-2），形体中存在了大量的构架，看起来像是内部结构的延伸，但是这些构件的出现仅仅是出于视觉与建筑物尺度的考虑，增加了空间的层次，保证了风格的统一，同时还给整个建筑物带来了秩序和各部位之间的呼应，使内外形象完整，并使得从高大体量过渡到小体量时候不至于显得唐突。同样

图1-2-1　芝加哥湖滨公寓细部
（图片来源：网络）

图1-2-2　法兰克福应用美术馆
（图片来源：网络）

图1-2-3　丹下健三的日本香川县厅舍
（图片来源：网络）

的，细部能够传达出建筑的气质。比如，丹下健三设计的日本香川县厅舍（图1-2-3），阳台栏杆以水平方向舒展延伸，有意地将板下的梁头和肋板露出，并精心处理成有木构件的形式，形成传统建筑细部的节奏和比例，产生的阴影同传统木构建筑一般如出一辙，十分美丽。以混凝土的质感打造出木构的神韵，特别像日本传统的五重塔，彰显出该建筑的独特气质。

细部相对于建筑整体而言，又具有一定的独立性。作为一个相对完整的独立单元体，在强调细部对整体形式所作的贡献的同时，细部本身也自成一体，可以被独立欣赏。密斯说过，“上帝存在于细部之中”，说明细部的重要性，其可以成为表达建筑形式内涵、传达信息的点睛之笔。

1.2.2　从实用到艺术

一般而言，细部总是先以功能性的形式出现，此时往往比较简陋，而后逐渐丰满直至定型，在这期间的发展则主要集中在形式的推敲上，在中国古代的木构建筑中，密密麻麻的富有装饰意味的斗栱最初则是用来承托大屋顶挑檐的结构构件；从唐宋到明清，斗栱的尺度在不断缩小，装饰性却越来越强；伸出古建筑基座栏板外口的石雕螭首（图1–2–4），最初就是基座的排水口，为的是使地面雨水得以顺利排出；而古建屋顶的仙人走兽、鸱尾吻兽与山花面的搏风、悬鱼（图1–2–5），也都起源于护脊、盖缝等功能。比如我们熟悉的窗户。英文里的窗户就是“window”这个词，来自古挪威语vindauga，为 vindr“风”+ auga“眼睛”。最初是屋顶上的一个未上釉的洞，作为通风的洞口，才把它叫作风之眼、风洞，也是早期的防御性装置，以供弓箭手从内向外射箭。说明早期的窗户是没有玻璃的小洞口。后来才逐渐发展出带玻璃的各种花式窗棂、玫瑰花窗等。

而在中国的木构建筑中，窗户最早也是没有玻璃的，而是用纸糊或者打磨过的贝壳镶嵌而成的。为了方便纸糊和镶嵌，才有了各式各样的花窗形式。后来，随着玻璃的广泛应用，窗户才有了更广泛灵活的使用，不再被采光和通风而限制开合。窗户的形式也更加多样化，窗户细部也得以解放，得以更灵活地参与建筑的设计组成，形成了诸如今天的玻璃幕墙、双层立面等的建筑外观形式。由此可见，细部的产生最初是源于实用，在发展过程中逐渐演变出装饰性作用，形成了艺术价值。

图1–2–4　石雕螭首
（图片来源：网络）

图1–2–5　丽江传统民居屋顶上的悬鱼
（图片来源：网络）

1.3 中国古典建筑细部

在现代主义尚未传入中国以前，中国古典建筑就以其鲜明的特点形成了自己独有的一套体系。这些特点主要表现在以木构架为结构体系，以坡屋顶、斗栱、立柱等要素组成的多彩的艺术形象。建筑的细部在这些特点的形成中起着重要的作用，极大地丰富和加强了古代建筑艺术的表现力。中国古代工匠利用小构架结构的特点创造出不同形式的屋顶，又在屋顶上塑造出兽吻、宝顶、走兽等奇特的个体形象，同时还在形式单调的门窗上制造出千变万化的窗格花纹式样，在简单的梁、枋、柱和石台基上进行了巧妙的艺术加工，应用这些细部加工手段形成了中国古代建筑富有特征的外观。

1.3.1 大屋顶和斗栱

中国古代建筑的屋顶对建筑整体造型起着特别重要的作用。屋檐远远伸出，屋脊在天空划出优美的弧线，瓦铺的屋面形成稍有反曲的坡面，屋角微微起翘形如鸟翼，硕大的屋顶在这些细部的衬托下显得无比轻巧，生动地诠释了中式古建屋顶之美。更不用提诸如硬山、悬山、歇山、庑殿、攒尖、十字脊、盝顶、重檐等众多屋顶形式的变化，加上灿烂夺目的琉璃瓦，使建筑物产生独特而强烈的视觉效果和艺术感染力，成为中国古建筑最具代表性的构件形式。此外，大屋顶还可以防止雨雪的侵害，并且是古代中华文化的载体。总之，大屋顶既是功能结构构件，又是艺术加工的产物。

斗栱是中国传统建筑中的重要构件，在中国古建筑传统木构架体系中起着传递荷载、增加出檐、减少跨度的结构作用，承托大屋顶挑檐，是梁架系统有机整体的一部分。斗栱伴随着中国传统建筑的发展而发展，在中国传统建筑中的地位犹如欧洲古典建筑柱式中的柱头。早在公元前5世纪，战国时期的铜器上就出现了斗栱的形象；我们也可以从汉代的石阙（图1-3-1）、崖墓和墓葬中的画像石所表现的建筑上，见到早期斗栱的式样。几乎所有时期的建筑的改变，都无一不通过斗栱及其相关构件的变化反映出来。唐宋时房屋的斗栱硕大，屋檐出挑深远，到了明清时期斗栱变小，出檐变短。这是因为随着建筑技术提升，柱头间的额枋和随梁枋的使用让构架整体性得到了加强，以及夯土堆的消失导致不需要那么大的防雨“出挑”，所以斗栱由受力的构件逐渐演变成装饰性构件。以山西五台山唐代佛光寺大殿（图1-3-2）为例，这是我国迄今留存下来最早的木建筑之一，大殿屋身上的斗栱很大，有四层栱本相叠，层层挑出，使大殿的屋檐伸出墙体达4米之远，整座斗栱的高度也达到2米，几乎有柱身高度的一半，充分显示出斗栱在结构上的重要

图1–3–1　四川牧马山崖墓出土东汉明器
（图片来源：刘敦桢. 中国古代建筑史[M]. 北京：中国建筑工业出版社，1984）

图1–3–2　五台山佛光寺大殿
（图片来源：网络）

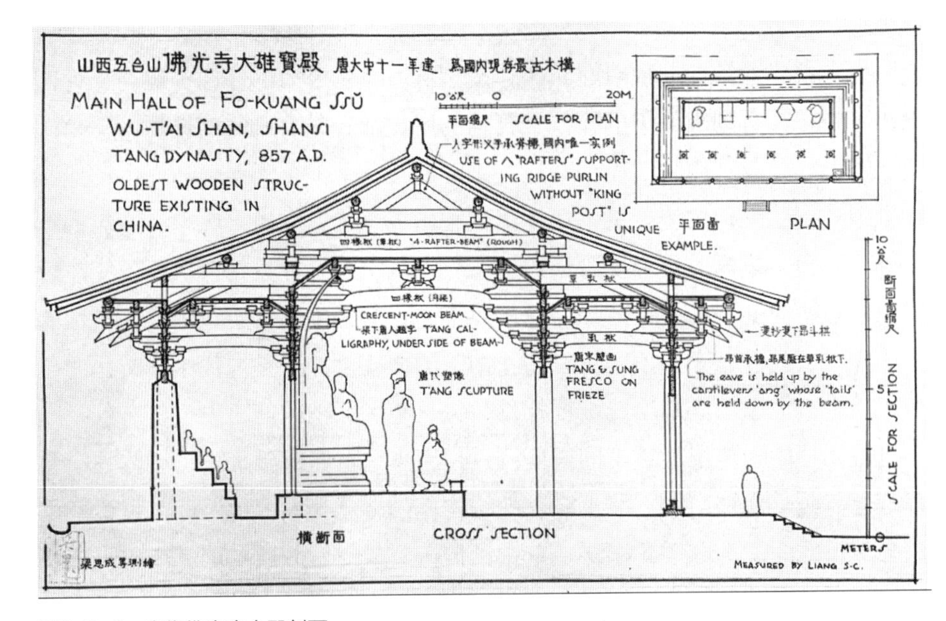

图1–3–3　唐代佛光寺大殿剖面
（图片来源：梁思成. 图像中国建筑史[M]. 北京：中国建筑工业出版社，1984）

作用（图1–3–3）。而明清故宫里的诸多建筑，比如太和殿上的斗栱，与佛光寺大殿相比有了明显的缩小和装饰化倾向。

为了便于制造和施工，斗栱的式样越来越趋于统一，组成斗栱的栱、斗等构件的尺寸因此走向规范化。宋《营造法式》中将斗栱称为铺作，并详细规定了斗栱各部分的用采用料、做法和标准。斗栱的主要构成是：斗和栱，斗是斗形木垫块，栱是弓形的短木。栱架在斗上，向外挑出，栱端之上再安斗，这样逐层纵横交错叠加，形成上大下小的托架。唐宋时的斗栱还有“昂”这个部件，是斗栱中斜置的长条形构件，通常位于华栱之上，在斗栱中如尖刺一般突出，用于屋檐的出挑，明清以后实用功能逐渐消失。斗栱类型也有很多种，按使用部位可分为内檐斗栱，外檐斗栱，平座斗栱。外檐斗栱又可分为柱头科斗栱、角科斗栱和平身科头栱等内容。总体而言，斗栱体现了我国古典建筑设计充分利用结构构件进行适当的艺术加工，从而发挥其美学效果的特征。

本小节后附部分经典的古建屋顶和斗栱图片示例（图1-3-4～图1-3-23），以供读者们学习参考。

中国古典建筑屋顶和斗栱示例：

图1-3-4　北京故宫太和殿的重檐庑殿顶
（图片来源：作者自摄）

图1-3-5　颐和园佛香阁的八角攒尖顶
（图片来源：网络）

图1-3-6　扬州琼花观的歇山顶
（图片来源：网络）

图1-3-7　故宫保和殿后右门的歇山顶侧面
（图片来源：作者自摄）

图1-3-8　某民居的硬山顶
（图片来源：网络）

图1-3-9　故宫角楼的歇山顶
（图片来源：网络）

图1-3-10　北京先农坛某建筑的悬山顶局部，山花有凸出的梅花钉
（图片来源：网络）

图1-3-11　北京天坛祈年殿的攒尖顶
（图片来源：网络）

图1-3-12　扬州小盘谷六角亭攒尖顶
（图片来源：网络）

图1-3-13　某古建筑的卷棚顶局部
（图片来源：网络）

图1-3-14　某民居的悬山顶设计
（图片来源：网络）

图1-3-15　福建洪坑土楼建筑的环形坡屋顶
（图片来源：网络）

图1-3-16　北京天坛祈年殿上的斗栱
（图片来源：网络）

图1-3-17　颐和园仁寿门的斗栱
（图片来源：网络）

图1-3-18　河北应县木塔上的斗栱
（图片来源：网络）

图1-3-19　青海西宁塔尔寺山门上的斗栱
（图片来源：网络）

图1-3-20 清代石屏民居大门外檐平身科斗栱
（图片来源：网络）

图1-3-21 某古建筑民居上的砖石斗栱
（图片来源：网络）

图1-3-22 敦煌莫高窟的窟檐斗栱
（图片来源：网络）

图1-3-23 广东肇庆梅庵大殿的斗栱（北宋）
（图片来源：网络）

1.3.2 构件处理

以木构架为结构体系的中国古建筑，它们的柱、梁、枋、檩、椽等主要构件几乎都是露明的，因而对这些木构件在形式上进行加工以美化也显得很有必要。《营造法式》中对柱子的做法已有规定，规定将柱身依高度等分为三，上段有收杀，中、下二段平直，形成梭柱。在南方民居建筑中，常见成“新月”形式的梁，其梁的两端（扇）呈弧形，而梁的中段微微上拱，整体形象弯曲的近似新月（图1–3–24）。梁上的短柱也做收分，下端呈尖瓣形骑在梁上的瓜柱，短柱两旁的托木成为弯的扶梁，上下梁枋之间的垫木做成各种式样的驼峰，屋檐下支撑出檐的斜木多加工成为各种兽形、几何形的撑栱和牛腿，连梁枋穿过柱子的出头都加丁成为菊花头、麻叶头、霸王拳（图1–3–25）等各种有趣的形式。在横材（梁、枋）与竖材（柱）相交处常见一种构件——雀替，作用是缩短梁枋的净跨度从而增强梁枋的荷载力，减少梁与柱相接处的向下剪力，防止横竖构材间的角度之倾斜。雀替常常被做成龙、凤、仙鹤、花鸟、花篮、金蟾等各种形式，其制作材料也有木材或石材。这些构件的加工都是在不损坏它们在建筑上所起结构作用的原则下，随着构件原有形式进行的，显得自然妥帖。

中国古建筑在屋顶上有许多有趣的细部构件。两个屋面相交而成屋脊，为了使屋面交接稳妥不致漏水，在脊上需要明砖、瓦封口，高出屋面的屋脊做出各种线脚就成了一种自然的装饰性构件，两条脊或三条脊相交必然产生一个集中的结点，对结点进行美化处理，做成动物、植物或者几何形体便成了各种式样的兽吻和宝顶。常见的有鸱吻（图1–3–26），在房脊上安两个相对的鸱吻，不仅能加固房脊，还有避火灾之意。唐代木构建筑的鸱吻一般作鸱鸟嘴或鸱鸟尾状。在屋顶的末端建筑檐头筒瓦前端也常有这样一种细部——瓦当（图1–3–27），用以装饰美化和庇护建筑物檐头，常刻有图案和字体，行云流水，极富变化，有云头纹、几何形纹、饕餮纹、文字纹、动物纹等。

此外，中国古建筑在门窗等部位还有许多独特的构件，比如铺首衔环

图1–3–24　古建筑中的月梁
（图片来源：网络）

图1–3–25　梁枋的各式装饰
（图片来源：网络）

图1-3-26　独乐寺山门辽代鸱吻
（图片来源：网络）

图1-3-27　古建筑屋面上的瓦当
（图片来源：网络）

图1-3-28　铺首衔环
（图片来源：网络）

图1-3-29　门当
（图片来源：网络）

（图1–3–28）、门当、户对等。铺首是含有驱邪意义的传统建筑门饰。汉代寺庙多装饰铺首，以驱妖避邪。在民间门扉上应用亦很广，为表示避祸求福，祈求神灵像兽类敢于搏斗那样勇敢地保护自己家庭的人财安全。门扉上的环形饰物，大多冶兽首衔环之状。以金为之，称金铺；以银为之称银铺；以铜为之，称铜铺。而兽首衔环之冶，商周铜饰上早已有之。它是兽面纹样的一种，有多种造型，嘴下衔一环，用于镶嵌在门上的装饰，一般多以金属制作，作虎、螭、龟、蛇等形。门当（图1–3–29）是中国传统建筑门口相对而放置呈扁形的一对石墩或石鼓（因为鼓声宏阔威严、厉如雷霆，人们以为其能避鬼推祟）。包括抱鼓石和一般门枕石，在古代，不同等级的家室门当的等级也十分森严。大门两侧，放置门当。圆形为武官，象征战鼓；方形为文官，象征砚台。户对（图1–3–30），中国传统建筑构件之一。与门当相对，为门楣上突出之柱形木雕（砖雕），上面大多刻有以瑞兽珍禽为主题的图案。因一般呈双数出现，故名“户对”。“户对”仅为官者的院落才有。古建筑的窗在没

图1-3-30 户对
（图片来源：网络）

有用玻璃之前，多用纸糊或安装鱼鳞片等半透明的物质以遮挡风雨，因此需要较密集的窗格。对这种窗格加以美化就出现了菱纹、步步锦，各种动物、植物、人物组成的千姿百态的窗格花纹。为了保持整扇窗框的方整不变形，如同现代用角铁加固一样，古代用铜片钉在窗框的横竖交接部分，在这些铜片上压制花纹又成了极富装饰性的看叶和角叶。

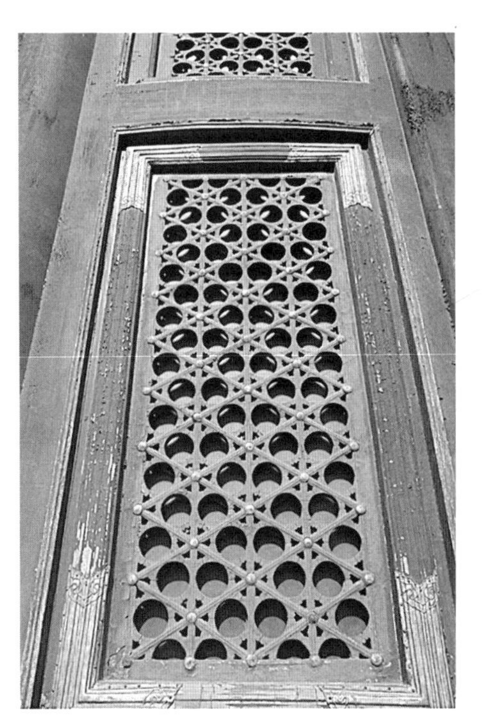

图1-3-31 天坛皇穹宇殿的门窗局部
（图片来源：网络）

从这些古建细部的形式和发展可以发现，这些细部并不能离开建筑构件而独立存在，也不是单纯的装饰，而是将房屋本来存在的各部位构件进行美的加工，在完成功能作用的同时也能够起到美化作用。

本小节后附部分经典的古建构件细部的图片示例（图1-3-31 ~ 图1-3-39），以供读者们学习参考。

中国古典建筑构件示例：

图1-3-32　出土的延益寿瓦当
（图片来源：网络）

图1-3-33　某民居门前的门当
（图片来源：网络）

图1-3-34　某南方民居的马头墙局部
（图片来源：网络）

图1-3-35　故宫养心殿遵义门上的户对
（图片来源：网络）

图1-3-36　苏州园林某处的花窗
（图片来源：网络）

图1-3-37　建福宫花园建福门细部大样
（图片来源：顾馥保 摄）

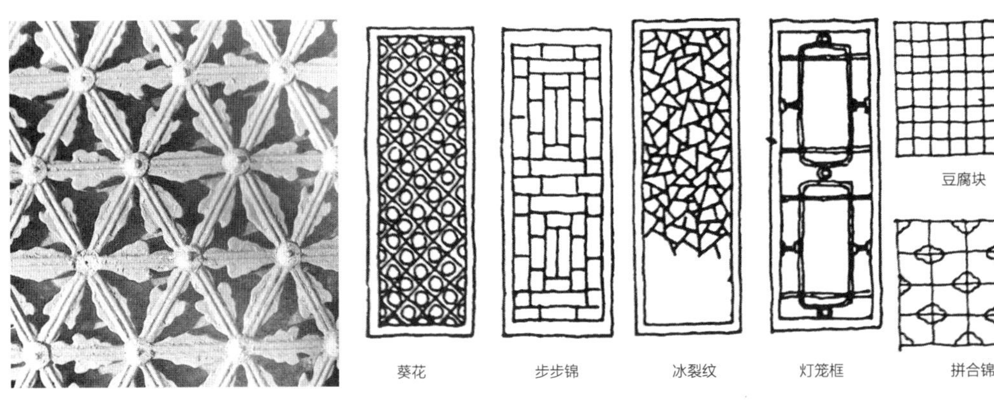

图1-3-38　乾隆花园千秋亭隔扇
（图片来源：顾馥保摄）

图1-3-39　古典建筑的窗棂纹样
（图片来源：田学哲，郭逊. 建筑初步[M]. 北京：中国建筑工业出版社，2010.）

1.4　国外古典建筑细部

1.4.1　西方古典建筑细部

西方建筑的概念是相对于东方建筑而言的，所谓西方古典建筑基本指以爱琴海区域产生的以古希腊、古罗马建筑为代表的古典主义建筑，以及在这二者基础上发展起来的意大利文艺复兴建筑、巴洛克建筑和古典复兴建筑。古典主义建筑以欧洲大陆为中心扩散开来，在不同的地域和时代中逐渐发展出各自的特色。因而我们按照时间顺序叙述西方古典建筑在不同阶段呈现出的不一样的细部特征：

从奴隶制社会开始才出现了大规模的建筑活动，相比原始社会的建筑雏形，奴隶制社会的建筑产生了质的飞跃。据史料记载，埃及是西方第一个统一的奴隶制帝国。在古埃及时期，当时的人们已经能建立起100多万人口的城市，约150米高的埃及法老陵墓、容纳几万人的剧场和直径40多米的穹顶以及艺术水平很高的神庙建筑群。它反映了当时奴隶制社会的建造水平。与大型建筑建造水平相伴发展的是建筑细部的设计和建造。古埃及劳动者早在石制工具时期，就在泥塑建筑表面留下了大量浮雕，外墙、内墙以及柱子和支柱上都覆盖着象形文字、绘画壁画和绚丽色彩的雕刻。即便后来石材替代了泥砖，依然会在石材上雕琢出之前木柱的模样，甚至逼真的刻出编织的苇箔的模样来。后来工具进化了，使用青铜工具可以做出更多更丰富的柱子式样，尤其是柱头，精致而且华丽（图1-4-1）。

古埃及之后，古希腊建筑的影响力逐渐登上世界舞台，并在后世影响了

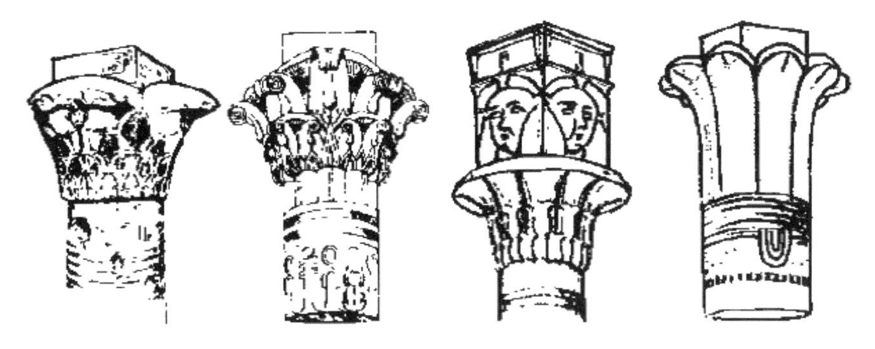

图1-4-1　西方古典建筑的四种柱头式样
（图片来源：陈志华．外国建筑史[M]．北京：中国建筑工业出版社，1997.）

西方建筑数千年。古希腊的建筑内容主要是神庙、纪念性建筑，其建筑风格体现着和谐、完美、崇高的特点。建筑的细部表现在对基座、柱式、檐部的雕饰上，它们格调清新，图案精细完美，比例适度。在所有细部中，最精美也对后世影响最深远的是柱式，也是希腊建筑最为重要的部分。它原本是一种结构方式，后来演化成一种依附结构的艺术形式。古希腊的柱式主要有三种：多立克（Doric）、爱奥尼（Ionic）和科林斯柱式（Corinthian）（图1-4-2），它们的艺术价值体现在对人体美的模仿以及各部分的和谐，体现着比例的美。古希腊的柱式各部分之间建立了相当严密的模数关系。因此柱式含有许多内涵，是一种兼具美学与构造的整体系统，甚至可以说是古希腊文化和哲学思想的表述。一般而言，每根柱子由柱头、柱身与柱础三个部分组成，并依据柱头装饰和柱身差异等因素来对柱子样式进行区分。基本原理就是以柱体为一个单位，按照一定的比例原则，计算出包括柱础、柱身和柱头的整个柱子的尺寸，更进一步计算出包括基座和山花的建筑各部分尺寸。古希腊时期成熟的柱式既严谨地体现着一丝不苟的理性精神，又体现着对健康人体敏锐的审美感受，具有独特性、一贯性、稳定性的特色。作为希腊古典建筑三种柱式，多立克、爱奥尼、科林斯体现了严谨的构造逻辑，每一种构建的形式完整，都适合它的作用。同时，这三种柱式并不僵化，随着环境的不同，都做出了相应的调整。柱式体现了古希腊人精微的审美能力和孜孜不倦地追求完美的创造毅力，它们有活力、有性格，但一切都不过度，一切都恰如其分，最终成为影响世界建筑特色的重要因素。这些柱式促使雅典卫城里的诸多神庙建筑成为流传万世的经典。帕提农神庙的多立克柱式雄壮刚劲，体现出神庙的威严和力量感；而伊瑞克提翁神庙（Erechtheion）则是爱奥尼柱式的代表，柱头涡卷婀娜优美，形体修长，体现出神庙的高贵，而女像柱的雕饰更是高雅逼真，技艺达到空前完美的程度（图1-4-3）。

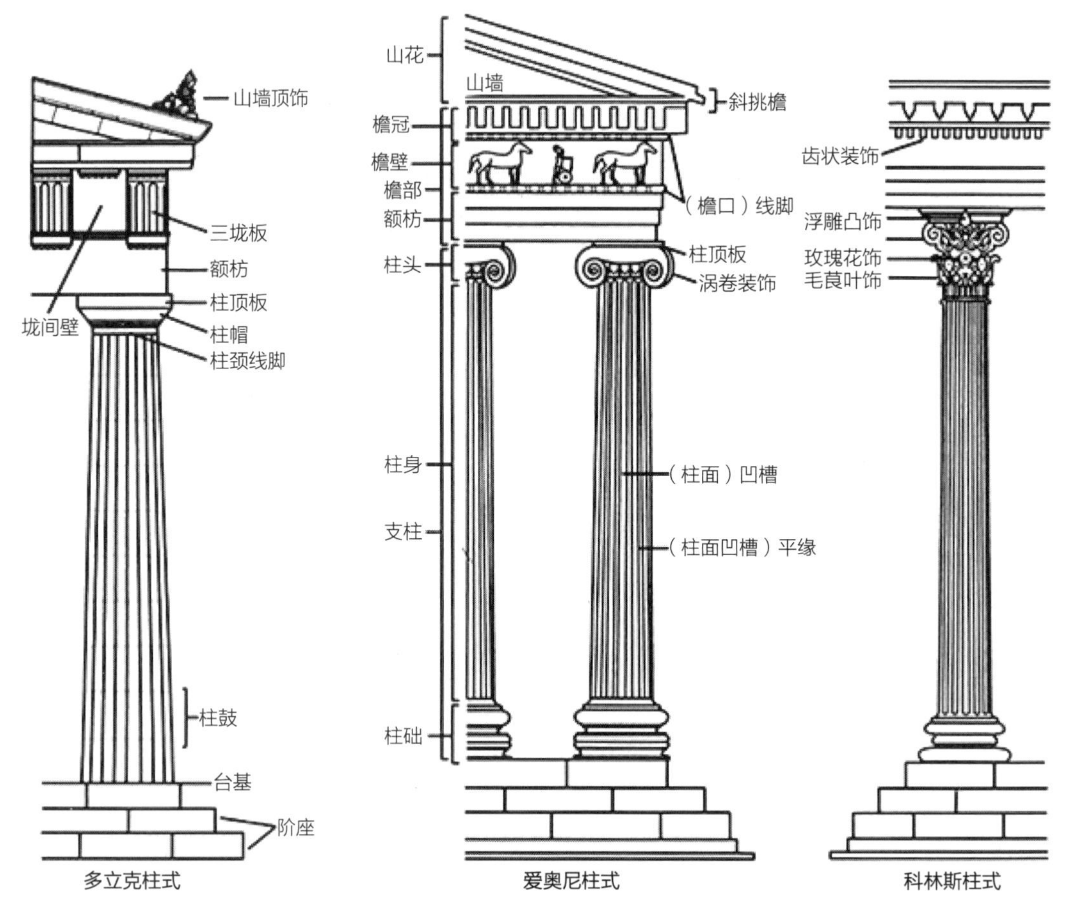

图1-4-2　多立克柱式、爱奥尼柱式和科林斯柱式
（图片来源：网络）

图1-4-3　伊瑞克提翁神庙
（图片来源：网络）

古罗马建筑则是古罗马人沿袭亚平宁半岛上伊特鲁利亚人的建筑技术，并继承了古希腊的建筑成就，在建筑形制、技术和艺术方面广泛创新。古罗马人将希腊的三柱式发展成为罗马五柱式，增加了塔司干柱式和混合柱式。总体而言，五种柱式比例较为接近，不像古希腊多立克和爱奥尼柱式相差较大，但古罗马人将柱式的形制、比例规定得更加详尽。相比古希腊柱式突出的男女性格，古罗马柱式的性格较弱，逐渐演变成装饰作用，更能适应古罗马人奢侈豪华的社会风气。除了柱式，古罗马人完善了拱券结构体系，创造出柱式与拱券的组合，如券柱式和连续券，大大丰富了建筑形式。而在这里柱式转变为装饰性的细部（图1-4-4），常见于古罗马的神庙与皇宫建筑。同样，古罗马人还大量使用叠柱，立面细部的处理是把比较粗壮、比较简洁的柱式放在底层，越向上越轻巧华丽，符合力学原理。这种形式大量应用于古罗马的角斗场和浴场等公共建筑。

图1-4-4　古罗马的提度斯（Titus）凯旋门
（图片来源：网络）

此后，古罗马帝国分裂为东西罗马（公元4～5世纪）。东罗马皇帝康斯坦丁一世定都君士坦丁堡，建立了强盛的拜占庭帝国。拜占庭帝国继承了古希腊和古罗马的建筑遗产，又汲取了波斯、两河流域、叙利亚等东方文化，创造了独具一格的建筑体系。拜占庭皇帝崇尚基督教为国教，在此期间大兴土木建设教堂，无论是规模还是形式，都远远胜于古罗马时期。因而，拜占庭教堂成了这一时期的代表性建筑，其高昂饱满的穹顶结构和平面的集中式形制成为这一时期教堂建筑的正式风格。拜占庭建筑柱式也与古罗马有明显不同，特别是柱头，不再强调比例，而是让雕刻师自由发挥，因此，拜占庭柱头也千差万别，既有传统的茛苣叶、双螺旋，又有创新的人物、怪兽、枝蔓等，多种多样，以镂空雕刻为主要形式；柱身也不再局限于圆柱，开始出现立方柱、合体柱等。拜占庭建筑的内部更是富丽堂皇，穹顶和帆拱上饰有绚烂的彩画及陶瓷锦砖镶贴画。除此之外，发券、拱脚、穹顶底脚、柱头、檐口和其他承重或转折的部位的细部常用石头砌筑，利用这些石头的特点，在它们上面做几何图案或植物纹样的雕刻装饰，形成浓郁的装饰风格。拜占庭建筑最光辉的代表——圣索菲亚大教堂（Hagia Sophia），是东正教的中心教堂，也是拜占庭帝国极盛时代的纪念碑。圣索菲亚大教堂的细部设计也是极尽奢华。巨大无比的穹顶上布满金色的壁画和陶瓷锦砖，作为创造性结构的帆拱上也绘上精美的神像画，拱券与立柱交接处也运用了独特的柱头形

图1-4-5　圣索菲亚大教堂内局部
（图片来源：网络）

式，从精美的壁画到细致曼妙的石雕（图1-4-5），层层递进，传递力的同时也传递着教堂的富丽堂皇。

公元9世纪后，得益于天主教的强盛，拜占庭文明的影响，以及席卷全欧的十字军运动和贸易往来，欧洲大陆开始流行一种仿罗马建筑风格——罗曼式建筑（Romanesque architecture）。彼时这种风格应用于遍布欧洲各地的各种修道院、教堂和城堡建筑。早在公元6～9世纪时，已经出现了前罗曼式建筑，这一时期建筑以粗石砌墙、小拱（方）窗户为显著特征，给人的印象是墙壁厚实、建筑质朴；虽然圆顶还没出现，但拱门、拱窗已大量存在，随后还流行在拱顶雕刻伦巴底带（Lombard band）（图1-4-6）。到了罗曼式建筑时期，十字军从拜占庭等东方带来大量的建筑技术与建造知识，从而促进了欧洲建筑的发展。教堂、修道院开始讲究立面对称，以半圆拱和连拱饰为重要特征，其中的连拱饰包括各种拱廊、盲拱、伦巴底带等，这些特征逐渐形成罗曼式建筑标配。受拜占庭影响，罗曼柱不管柱头还是柱身也都多种多样，既有单块石料凿成的整体柱，也有中间填碎石的空心柱，而且还大量回收重新利用古罗马柱，但这些柱式都有一个普遍特点：方形的扶垛与圆柱交替出现。

到了11世纪下半叶，欧洲城市的教堂开始流行起哥特式建筑风格。哥特式以更轻薄的肋拱框架和独立的飞扶壁为主要结构体系，大大减轻了拱顶的结构重量和侧推力，摆脱了厚重的墙壁，窗户得以扩大，高度大为增加。整个建筑以直升线条、雄伟的外观和教堂内的空阔空间，再结合镶着彩色玻璃的长窗，使教堂内产生一种浓厚的宗教气氛。立面细部处理上，哥特式教堂的窗子常由红蓝亮色为主玻璃来装饰，以宗教为主题的图案装饰，既营造出

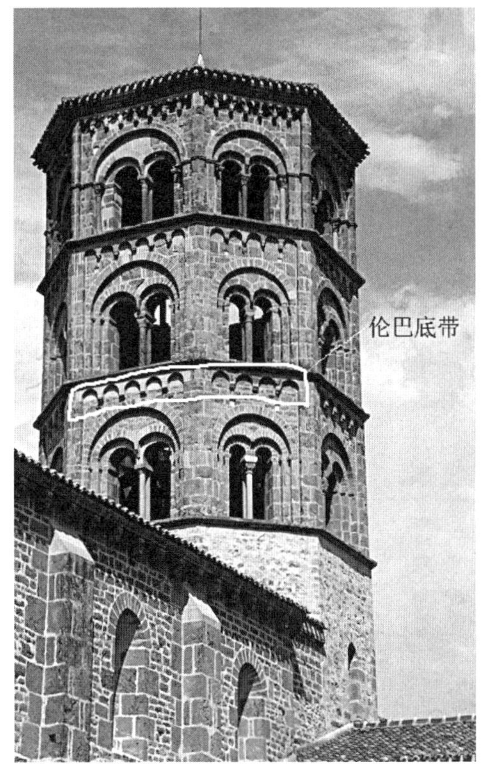

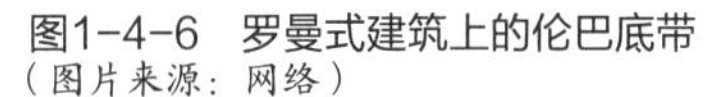
图1-4-6　罗曼式建筑上的伦巴底带
（图片来源：网络）

图1-4-7　科隆大教堂局部
（图片来源：网络）

天堂般的光线氛围，也具有较高的审美价值。通过减弱立面上的水平感和重量感，用垂直线条代替水平线条，用雕镂的部件改变大块体面的单一感，墙壁、扶壁和塔越往上划分越细、越玲珑，顶上都有锋利的、直刺苍穹的小尖顶，使整个教堂建筑轻盈灵巧，垂直上升，处处充满了一种飞跃升腾、直插云霄的冲势，好像要超脱尘世，飞向天国。其他细部如华盖、壁龛等也都用尖券作主题，建筑局部与细部的上端都是尖的，从整体到局部保留着一贯鲜明的性格。哥特式建筑的典型代表是德国的科隆大教堂（Cologne Cathedral）（图1-4-7），也被称为“最完美的哥特式大教堂”。教堂主体有着两座高达157米的尖塔，立面上还有上万座小尖塔，配合着怪异的滴水兽和纤长玲珑的石刻，成为哥特式风格的巅峰之作。

从14世纪的意大利开始，伴随着资本主义生产关系的萌芽，掀起早期资产阶级的文化运动——文艺复兴。在文艺复兴运动的推动下，象征神权至上的哥特式建筑风格遭到排斥，而古罗马时期的建筑形式则被大力提倡复兴。特别是古典柱式，被一系列文艺复兴建筑师标准化，并如古罗马时期那样对应结构的需要与装饰的需要。一方面，这一时期的建筑继承并复兴了古罗马建筑的比例和样式，比如半圆形拱券和以穹隆为中心的建筑形体等。同时，

图1-4-8 佛罗伦萨育婴院主立面
（图片来源：网络）

建筑师们又灵活变通，大胆创新，甚至将各个地区的建筑风格同古典柱式融合一起，体现了建筑师们创新的品质。比如这一时期的著名建筑师伯鲁乃列斯基（Filippo Brunelleschi）在佛罗伦萨主教堂（Florence Cathedral）穹顶的设计中，巧妙地设计了双圆心的矢状穹顶曲线，加大穹顶的矢高，因而减少了侧推力，使得穹顶达到了前所未有的高度和饱满形象。同样，在佛罗伦萨育婴院（Foundling Hospital）（图1-4-8）的设计中，伯鲁乃列斯基也展示了其对建筑细部的控制力。育婴院主立面底层的连续券柱式的精心设计，采用合乎模数和数学的比例，力图展现古典形式的秩序和节奏。科林斯柱式柱高和柱距基本相等，支撑上部的半圆形拱券，十分的明朗舒展。总体而言，这一时期的建筑通过细部的比例和形式来表现力量，并体现文艺复兴运动的人文主义观念。

在文艺复兴基础上，后来又发展起来了两种古典主义建筑风格：巴洛克和洛可可。巴洛克建筑流行于17～18世纪的欧洲。其特点是外形自由，追求动态，喜好富丽的装饰和雕刻、强烈的色彩，常用穿插的曲面和椭圆形空间。它打破了对古罗马建筑家维特鲁威和其理论的盲目崇拜，冲破了文艺复兴晚期古典主义者制定的种种清规戒律，反映了向往自由的世俗思想。我们在古典主义建筑中常见的严格、理性、秩序、对称、均衡等建筑风格和原则在巴洛克建筑上统统被打碎。在细部上，巴洛克建筑常用断檐、双层山花、重叠柱等形式，使建筑在透视与光影之下产生戏剧性效果。后期，巴洛克建筑逐渐偏离原本的理念，变得浮华造作，过分堆砌，比如罗马的圣卡罗教堂（ San Carlino）（图1-4-9），殿堂的平面与天花装饰均强调曲线形式，营造动态感，立面的山花有意断开，将檐部水平方向弯曲，墙面做出大弧度凹

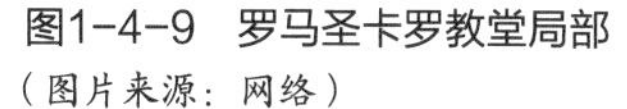

图1-4-9　罗马圣卡罗教堂局部
（图片来源：网络）

图1-4-10　洛可可建筑局部
（图片来源：网络）

凸，更不用提繁复的立面装饰了。而洛可可风格是在巴洛克建筑的基础上发展起来的一种建筑风格，主要表现在室内装饰上，18世纪产生于法国，反映了路易十五时代宫廷贵族的生活趣味。洛可可风格细部的特点是：细腻柔媚，常常采用不对称手法，喜欢用弧线和“S”形线，尤其爱用贝壳、旋涡、山石作为装饰题材，卷草舒花，缠绵盘曲，连成一体（图1-4-10）。天花和墙面有时以弧面相连，转角处布置壁画。为了模仿自然形态，室内建筑构件也往往做成不对称形状，变化万千，但有时流于矫揉造作。

1.4.2　伊斯兰古典建筑细部

伊斯兰建筑自公元7世纪诞生以来，在穆斯林为主的国家和地区流行，也是世界上最著名的建筑风格之一。伊斯兰建筑造型的主要特点是在立方房屋上复盖穹顶；并运用形式多样的叠涩拱券，高耸的螺旋形宣礼塔，彩色琉璃砖镶嵌大面积的彩色石膏或油彩图案等，这些构成了建筑美学史上一个综合有东西方文化的独特体系。

虽然伊斯兰建筑包括不同国家和地区的多种风格，但仍有一些特征在整个过程中普遍存在。我们可以通过识别这些典型的细部特征以及了解其地理分布来掌握伊斯兰建筑的风格特点。比如伊斯兰建筑区别于基督教建筑为主的西方教堂建筑的一点是宣礼塔。宣礼塔常是尖顶或塔状结构，带有小窗户和封闭楼梯。宣礼塔的主要功能是让宣礼员从高处召唤信徒祈祷，最早只在清真寺旁边立一座，后来逐渐发展成多座。历史上，在圣索菲亚大教堂由基督教教堂改为伊斯兰清真寺的过程中，也增加了许多宣礼塔。伊斯兰建筑同样也结合了许多其他风格建筑中的细部。又比如伊斯兰清真寺的穹顶形式来源于拜占庭和意大利文艺复兴时期的建筑传统，后来经过不断发展，在其宗教文化的影响下逐渐演化成为伊斯兰建筑的风格特征之一。例如耶路撒冷的岩石清真寺（Dome of the Rock）（图1-4-11），是一座公元7世纪的神殿，也是第一座以这种建筑元素为特色的伊斯兰建筑。受拜占庭建筑的启发，八角形建筑顶部是木制穹顶，并由帆拱支撑。但与西方古典建筑不同的是，伊斯兰建筑的帆拱通常用瓷砖（图1-4-12）或穆喀纳斯（muqarnas，即钟乳拱，一般用泥灰、砖石、木头和石头制作）（图1-4-13）形成雕塑装饰。

图1-4-11　耶路撒冷岩石清真寺
（图片来源：网络）

图1-4-12　瓷砖镶嵌的清真寺帆拱
（图片来源：网络）

图1-4-13　伊斯兰建筑中的穆喀纳斯
（图片来源：网络）

伊斯兰建筑学习了古罗马的拱券技术，将其应用于伊斯兰建筑中，并发展成为独特的民族风格。与古罗马、拜占庭常见的半圆形拱券不同的是，伊斯兰风格拱券主要有四种典型形式：尖头形（图1-4-14）、桃尖形（图1-4-15）、马蹄形（图1-4-16）和多叶形（图1-4-17）。这些细部的风格丰富了伊斯兰建筑的形式，增加了形式变化的可能性，在此之上又逐渐演变出更多的细部类型。伊斯兰建筑最突出的细部风格是繁复的装饰细节，使得伊斯兰建筑具有精细和华丽的质感。这种奢华的装饰方式通常用于室内装饰，包括镶嵌成几何陶瓷锦砖的宝石般的瓷砖、带图案的砖砌和万花筒，以及精美的书法装饰品（图1-4-18）。

图1-4-14　伊斯兰建筑中的尖头形拱
（图片来源：网络）

图1-4-15　伊斯兰建筑中的桃尖形拱
（图片来源：网络）

图1-4-16　伊斯兰建筑中的马蹄形拱
（图片来源：网络）

图1-4-17　伊斯兰建筑中的多叶形拱
（图片来源：网络）

图1-4-18　伊斯兰建筑中的装饰纹样
（图片来源：网络）

本节后附部分经典的古典建筑细部的图片示例（图1-4-19～图1-4-73），以供读者们学习参考。

国外古典建筑细部示例：

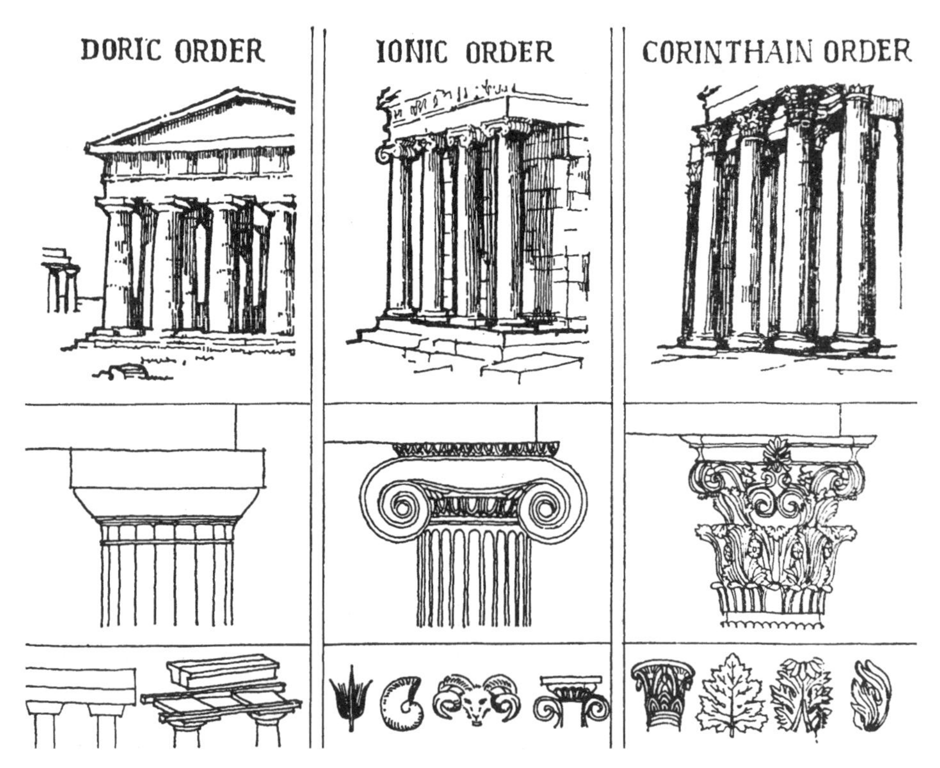

图1-4-19　古希腊三种柱式细节
（图片来源：田学哲，郭逊．建筑初步[M]．北京：中国建筑工业出版社，2010.）

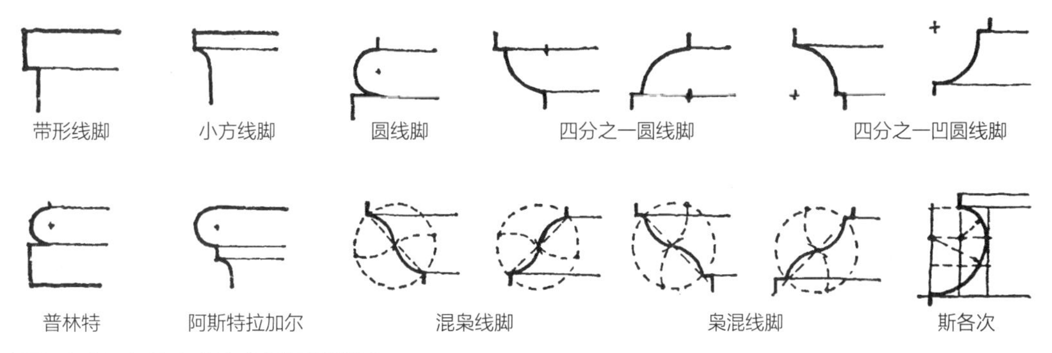

图1-4-20　西方古典柱式中的线脚类型
（图片来源：田学哲，郭逊．建筑初步[M]．北京：中国建筑工业出版社，2010.）

图1-4-21　文艺复兴时期制定的五种古典柱式
（图片来源：田学哲，郭逊. 建筑初步[M]. 北京：中国建筑工业出版社，2010.）

图1-4-22　古希腊建筑中的装饰细部

（图片来源：田学哲，郭逊. 建筑初步[M]. 北京：中国建筑工业出版社，2010.）

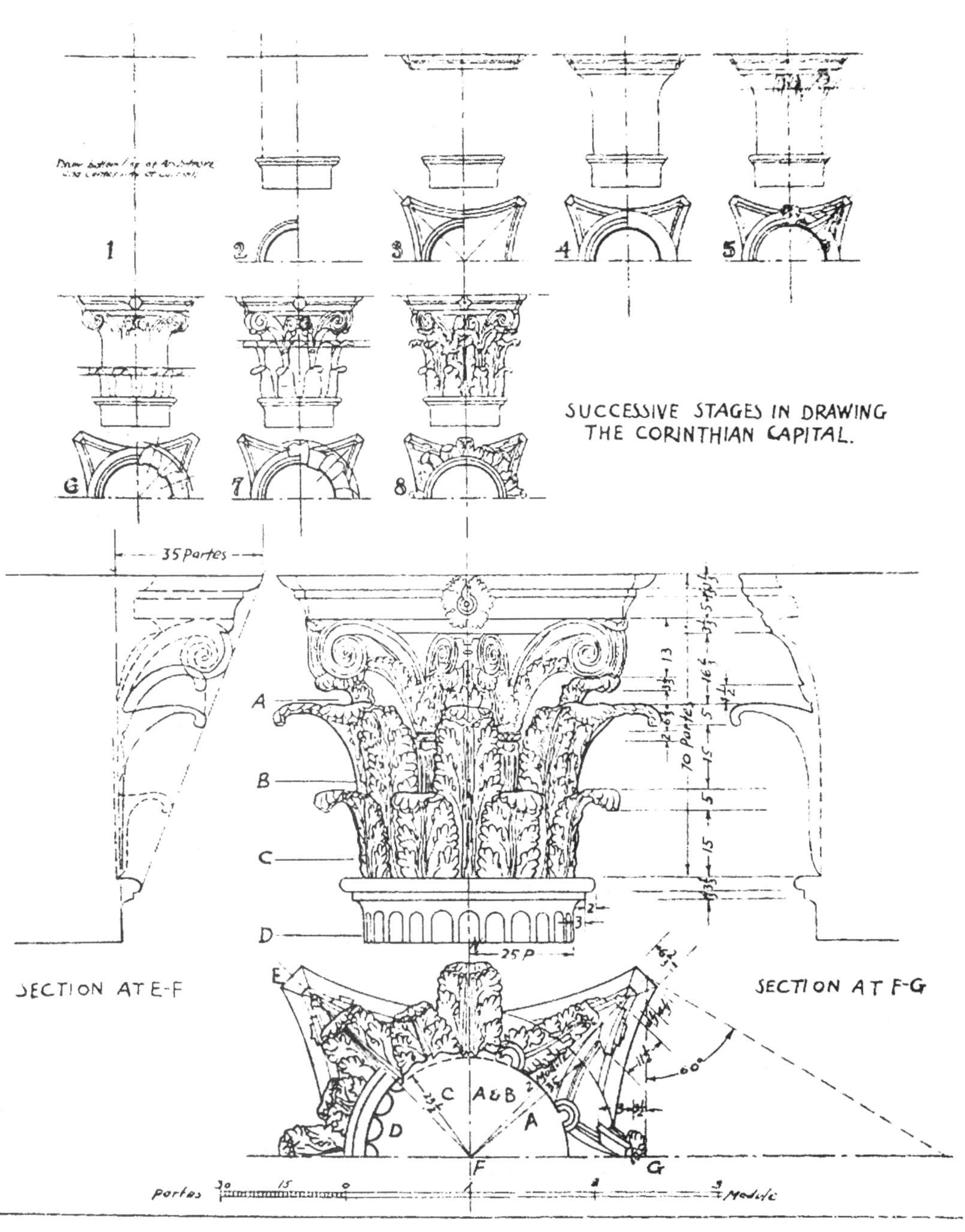

图1-4-23　维尼奥拉的科林斯柱式放大图

（图片来源：顾馥保 提供）

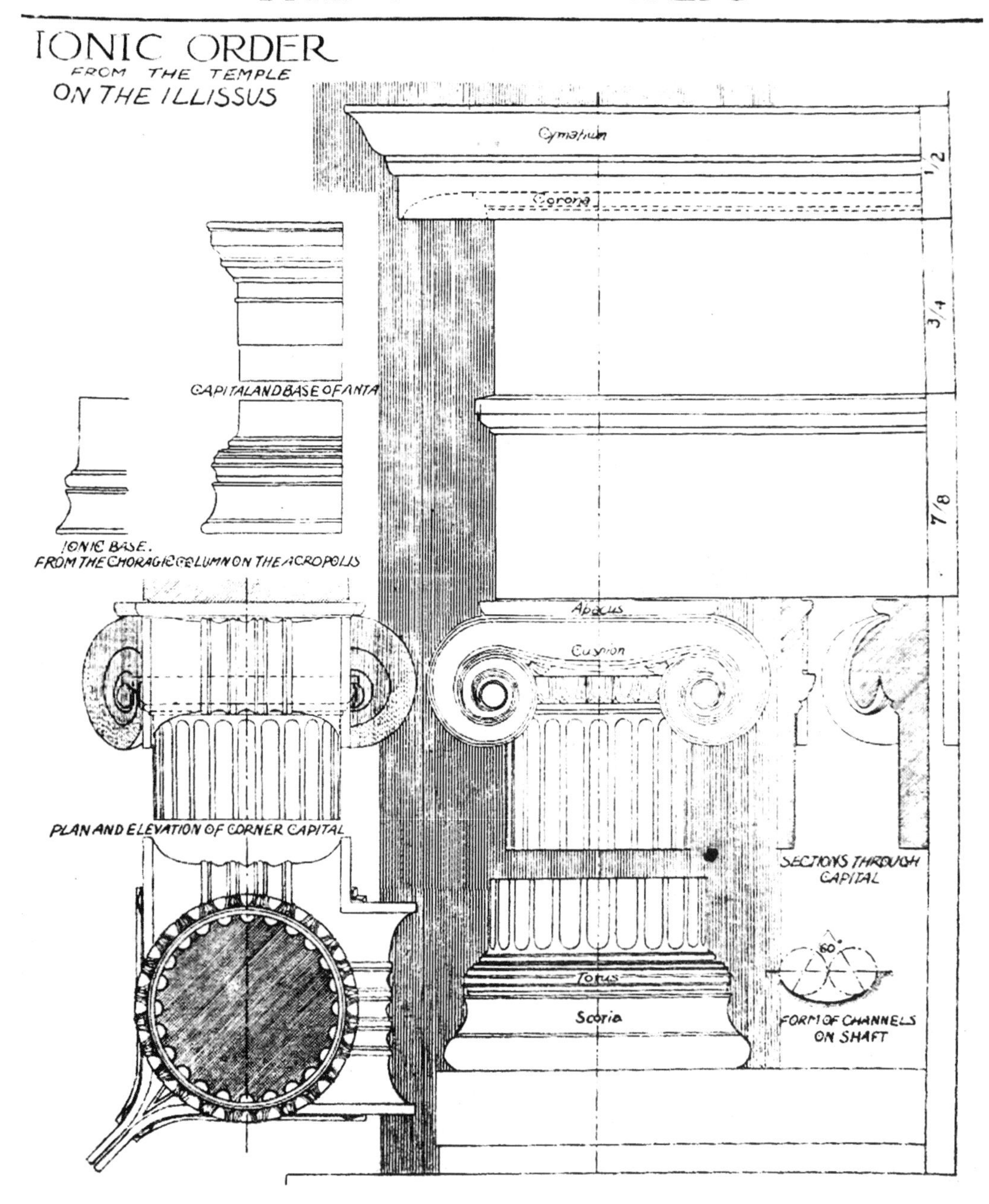

图1-4-24 古希腊爱奥尼柱式手绘细部图

（图片来源：顾馥保 提供）

图1-4-25　古希腊建筑檐部和柱头局部
（图片来源：网络）

图1-4-26　科林斯柱式柱头局部
（图片来源：网络）

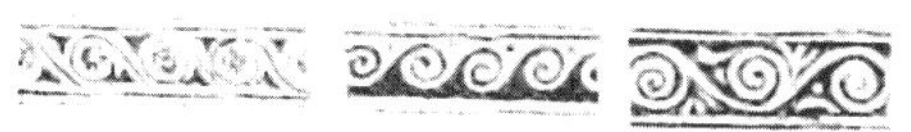

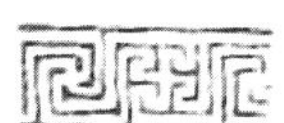

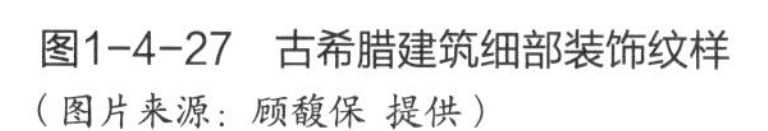

图1-4-27　古希腊建筑细部装饰纹样
（图片来源：顾馥保 提供）

图1-4-28　伦敦西敏寺教堂的尖拱门
（图片来源：网络）

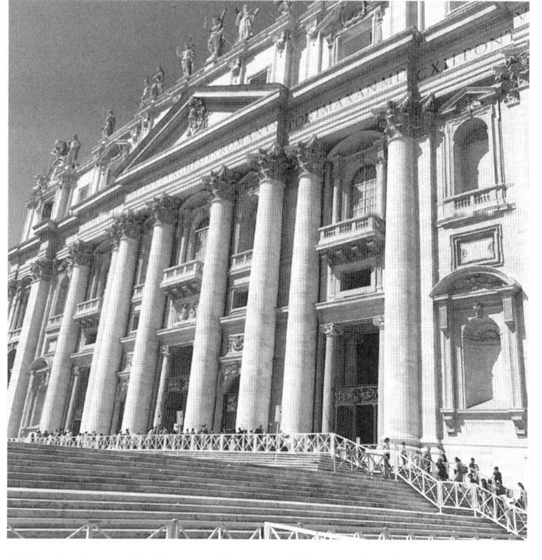

图1-4-29　梵蒂冈圣彼得大教堂立面细节
（图片来源：朱珺成 摄）

图1-4-30　梵蒂冈圣彼得大教堂侧立面细部
（图片来源：朱珺成 摄）

图1-4-31　梵蒂冈圣彼得大教堂穹顶细部
（图片来源：朱珺成 摄）

图1-4-32　圣彼得大教堂内的巴洛克式华盖（Baldachin）
（图片来源：朱珺成 摄）

图1-4-33　圣彼得大教堂内的柱廊细节
（图片来源：朱珺成 摄）

图1-4-34　罗马君士坦丁凯旋门立面细部
（图片来源：朱珺成 摄）

图1-4-35　威尼斯圣马可广场局部柱式
（图片来源：朱珺成 摄）

图1-4-36　威尼斯圣马可广场柱廊拱券细部
（图片来源：朱珺成 摄）

图1-4-37　威尼斯圣马可教堂立面细部
（图片来源：网络）

图1-4-38　威尼斯圣马可广场科雷尔博物馆立面柱廊细部
（图片来源：朱珺成 摄）

图1-4-39　威尼斯圣马可广场某建筑立面细节
（图片来源：网络）

图1-4-40　威尼斯圣马可广场总督宫立面细部
（图片来源：朱珺成 摄）

图1-4-41　威尼斯圣马可教堂转角柱式
（图片来源：王玲 摄）

图1-4-42　威尼斯圣马可教堂转角细部
（图片来源：王玲 摄）

图1-4-43　威尼斯圣马可教堂拱券细部
（图片来源：王玲 摄）

图1-4-44　威尼斯圣马可教堂内部铺地细节
（图片来源：王玲 摄）

图1-4-45　罗马街头某教堂立面山花细部
（图片来源：王玲 摄）

图1-4-46　罗马许愿池立面细节
（图片来源：王玲 摄）

图1-4-47　米兰大教堂的立面细部
（图片来源：王玲 摄）

图1-4-48　米兰大教堂门框细部
（图片来源：王玲 摄）

图1-4-49　米兰大教堂内柱子细部
（图片来源：王玲 摄）

图1-4-50　米兰大教堂外部柱廊细部
（图片来源：王玲 摄）

图1-4-51　米兰斯福尔扎古堡博物馆塔楼细部
（图片来源：王玲 摄）

图1-4-52 米兰斯福尔扎古堡博物馆庭院立面细部

（图片来源：王玲 摄）

图1-4-53 米兰斯福尔扎古堡博物馆楼梯及墙壁细部

（图片来源：王玲 摄）

图1-4-54 罗马万神庙穹顶细部

（图片来源：王玲 摄）

图1-4-55　罗马万神庙入口细部
（图片来源：王玲 摄）

图1-4-56　罗马万神庙入口壁柱细部
（图片来源：王玲 摄）

图1-4-57　罗马万神庙内部细节
（图片来源：王玲 摄）

图1-4-58　罗马街头某古典建筑立面细部
（图片来源：王玲 摄）

图1-4-59　布拉格提恩教堂的长花窗
（图片来源：杜鹃 摄）

图1-4-60　布拉格圣尼古拉教堂局部
（图片来源：杜鹃 摄）

图1-4-61　布拉格旧市政厅立面局部
（图片来源：杜鹃 摄）

图1-4-62　法国里昂圣让首席大教堂立面细部
（图片来源：王玲 摄）

图1-4-63　布拉格某建筑连廊局部
（图片来源：杜鹃 摄）

图1-4-64　罗马尼亚布加勒斯特雅典娜神庙局部
（图片来源：杜鹃 摄）

图1-4-65　罗马尼亚布加勒斯特某建筑拱廊局部
（图片来源：杜鹃 摄）

图1-4-66　布加勒斯特建筑技术大学校园建筑局部
（图片来源：杜鹃 摄）

图1-4-67　谢赫扎耶德清真寺尖形拱细部
（图片来源：网络）

图1-4-68　西班牙伊斯兰建筑尖形拱及柱廊
（图片来源：网络）

图1-4-69　谢赫扎耶德清真寺尖形拱及柱廊细部
（图片来源：网络）

图1-4-70 土耳其布尔萨耶西尔清真寺的钟乳拱
（图片来源：网络）

图1-4-71 西班牙科尔多瓦清真寺拱券及柱廊
（图片来源：网络）

图1-4-72 伊斯兰建筑圆拱大门细部
（图片来源：网络）

图1-4-73 马来西亚布特拉清真寺内部穹顶
（图片来源：网络）

2

建筑细部的作用与特征

2.1 建筑细部的作用

2.1.1 实用价值

细部从诞生之初，就是作为有一定实用功能的连接部位所出现的。在建筑中，细部通常与结构、围护、构造、采光通风等构件结合在一起。具体来讲，墙体、屋盖等起到围护作用，承重墙、梁柱等起到结构作用，墙面分隔线、檐口线角等起到构造作用，门窗、通风井等起到采光通风等作用。

细部的实用价值主要体现在功能方面，成功的细部产生于功能，并真实地表达功能。强调实用性，并非要否定和排斥装饰性细部，主要是强调细部设计应真实地表达建筑的整体意图，即在设计中要采取合理的手段，真实地表达建筑的逻辑性和设计意图，而不是无事生非，矫揉造作。所采用的设计手段、手法要有理有据，避免毫无道理的随意堆砌。同样，实用价值的实现并不排斥形式的多样性。例如，雨篷（图2-1-1）、门廊是建筑入口的重要实用性构件又是设计师对形象重点刻画的部位。但无论采取何种材料、何种形式，都必须使它满足其遮雨的原始功能。

图2-1-1 上海金茂大厦入口雨篷
（图片来源：杜鹏 摄）

强调实用性价值有助于我们避免细部设计的一种错误倾向，即纯粹肤浅的装饰。简而言之，有的细部并没有合理地使用目的，仅仅是“为装饰而装饰”。18～19世纪欧美流行的复古主义建筑就是一例。以古典建筑形式为典范，不顾建筑的功能类别和所处的环境，复古主义建筑手法千篇一律地采用古典的构图方式和细部处理，以固定不变的模式和构件来装饰建筑。无论是纪念性建筑、居住建筑还是公共建筑，都呈现出相似的面貌和流于表面的细部，因而造成了建筑形式的虚假，最终被历史所淘汰。

2.1.2 审美价值

细部也具有审美价值，无论是从功能的转折处还是结构的连接处，抑或是形式的相接处，细部以其形式美深化建筑的造型，强化了建筑的意境和气氛，增加了建筑及其环境的审美价值。

但在细部的设计中，美学追求应当要遵循形式美与内容的统一关系。内容决定了形式，正如事物的本质决定了事物的现象一样，而且只有符合内容要求的形式才是美的。就像南方民居中常见的防火山墙，在密集建筑群落着火时，能阻挡住蔓延的火势。所以其基本功能需求决定了防火山墙墙头都高出于屋顶，而在具体形式上，防火山墙的轮廓可以作阶梯状的马头墙（图2-1-2）、曲线状的镬耳山墙、人字形山墙等，这些形式的选择是基于不同的地域文化需求。同样的，形式也可以反映内容，好的细部形式要体现出细部的作用、功能与意义。比如，古希腊多立克柱式上的三陇板（图2-1-3），诞生之初是为了保护木梁的端头不被腐蚀而加的遮挡，而后随着社会发展，不再需要这样的保护了，但三陇板的形式依然跟随柱式保留了下来，逐渐演变成固有的装饰。而其名字和形式依然提醒着人们其最初的功用。

图2-1-2　西递宏村的山墙
（图片来源：网络）

图2-1-3　多立克柱式上三陇板的起源
（图片来源：网络）

在审美价值的追求上，建筑师也应注意对民族性和地域性的表达。尤其在当代地域文化和民族文化遭受世界现代文明的冲击的时候，“如何又成为现代的而又回到自己的源泉；如何又恢复一个古老的、沉睡的文化，而又参与到全球文明中去。”对于细部而言，其设计可以起着联结建筑物整体的作用，所以其形式美可以影响到建筑整体的风格和审美倾向。

2.1.3 尺度感知

把建筑同人联系起来的是人对建筑的尺度和细部的感受。

—山崎实（Minoru Yamazaki）

细部除了具有产生时的原始功能外，还具有其他一些衍生功能，其中最主要的就是细部的尺度功能。细部是一个相对的概念，作为整体的局部而反映它与建筑的关系。建筑细部的衍生功能主要是细部的尺度功能。细部有着“辅助标尺”的作用，通过细部的尺寸感觉可以衬托建筑整体的尺度感。建筑的整体尺度把握会对细部设计提出要求，细部尺度的设计也会影响到建筑的整体尺度感。

细部与建筑的尺度关系体现在三方面，其一是细部与建筑整体之间，由于建筑物是由部件构成的，部件的尺度对于整体的关系就是一种关联的尺度。其二是细部之间的尺度关系，它们之间体量的比较。无论其实际尺寸如何都会产生一种尺度。其三是与常规尺寸相对比，同样的体量，尺度比常规尺寸大的细部处理会使整体显得矮小一些，而尺度比常规尺寸小的细部处理会使整体显得大一些。所以大多数情况下，母题多、细部划分多的建筑比母题少、细部划分少的更易造成视觉膨胀感。因此建筑细部尺度为人们提供了感知建筑的体量感、建筑的重量感以及把握建筑整体的可能性。

图2-1-4　上海喜马拉雅中心入口的巨大尺度
（图片来源：网络）

细部作为建筑中唯一具有近人尺度的部分，应当进行细致处理。近人尺度指建筑物经常被使用者接触到的地方，这部分容易被人们仔细观察。尺度处理应以人体尺寸为参考系，过大或过小都应当谨慎处理。近人尺度过大则缺少建筑与人的亲和力，如上海喜马拉雅中心的入口处理尺度过大给人以压顶之感（图2-1-4），建筑形象是压抑的、非人性的；近人尺度过小则丧失了建筑应有的尺度感，使建筑犹如玩具。建筑物近人部分在细部安排上，应特别注意建筑底层墙面及入口柱子的细部分割，用不同质感的材料来塑造建筑物，以取得观者视觉上的亲近感。

此外，细部的尺度还具有很大的可变性，例如门和窗等，其在不同类型的建筑中可能会有较大的尺度差异。以西方古典建筑来说，尽管一些细部之间的比例关系相对来讲还比较确定，但它们的尺度却可大可小。比如穹顶、屋顶、门窗、线脚等细部，其形象与大小都有很大的灵活性，如果处理不当，就会使整个建筑失去应有的尺度感。即便是使用统一比例绘制的不同形式的门，他们在绝对尺度上相差很大，因而在外观上也有各自的特点。如果把小门的样式简单放大到大门的尺度，就会感觉不到实际应有的尺度感。由此也会带来整个建筑在尺度上的混乱。例如罗马的圣·彼得教堂（St. Peter's Basilica Church）（图2–1–5）的绝对尺寸十分宏大，但人们并没有感觉到其应有的雄伟，而伦敦的圣·保罗教堂（St.Paul's Cathedral）（图2–1–6），由于把柱廊划分为两层来处理，虽然其绝对尺寸比不上前者，但却感到高大而宏伟。之所以出现这种情况，就是因为建筑细部的尺度处理所致。也有一些细部，如栏杆、扶手、踏步、窗台等，由于使用功能的要求，它们的大小和尺寸是基本不变的。人们在视觉心理上会把这些不变的细部当成参照物，通过它们与其他部分的比较来感知建筑物的大小。所以，建筑师在处理细部的时候应注意细部尺度的可变性，以协调人们对建筑物的使用和感受。

图2–1–5　罗马的圣彼得教堂
（图片来源：网络）

图2-1-6 伦敦的圣保罗教堂
（图片来源：网络）

2.1.4 实现技术

建筑细部可以体现建筑的结构技术特征。在中国，最早能够体现建筑技术的细部可能就是榫卯结构了。这种节点最早发现于浙江河姆渡遗址，它伴随了整个中国木构建筑的发展历程。在当今社会，由于结构技术体系的差异，不同种类的建筑也会有迥然不同的细部特征。比如钢结构中的悬索，其锚固与张拉部位都有其特有的细部节点构造。细部的特殊性决定了细部设计要符合相关建造技术的要求，并通过技术上的设计，实施细部形式。以雨篷的设计为例，如果建筑的结构形式是框架结构，那么从框架梁上挑出雨篷是很方便的，而且可以挑出很大的宽度，从技术角度出发，设计出轻巧的悬挑式的雨篷；同样，如果我们需要高大有气势的雨篷形式，那么仅仅靠悬挑就很难实现了，解决的方法往往要在雨篷下加柱，与框架共同承载，这就是利用结构方法解决形式问题。因此，我们只有熟悉结构知识，谙熟构造原理，才能使细部真实，使细部形式丰富，否则将是虚假的、不切合实际的。

建筑细部同时也能反映其建造工艺水平。曾经，极简主义的风格风靡一时，人们常以为极简主义就等同于简单或简陋，然而事实恰恰相反，极简主义具有“精致的”能够集中体现工艺水平的细部设计。极简主义在摒弃一些不必要的细节后，表达对建筑细部的强化与升华。瑞士建筑师赫尔佐格与德

图2-1-7 赫尔佐格德梅隆事务所设计的巴塞尔中央信号楼
（图片来源：网络）

梅隆（Herzog & de Meuron Architekten）设计的巴塞尔中央信号楼（Central Signal Box Basel）（图2-1-7），就是一栋典型的极简主义建筑。如果没有精致的建筑细部设计，它只是一个简陋的六层高的混凝土方盒子。但建筑师通过富有技巧的使用铜条作为细部的主要材料，使整个建筑耐人寻味，一方面使得建筑产生了极富工艺质感的造型效果，另一方面建筑的立面被铜条覆盖，屏蔽周围的电磁信号，保护信号楼内部装置的功能需求。其原理是它们在特定位置扭曲以吸收日光，充当了法拉第笼，保护内部的电子设备免受未知的外部影响。这就是建筑师对技术的成熟掌握才能实现的细部设计。

2.2 建筑细部的特征

2.2.1 地域性和民族性

在国际主义简洁明了的风格席卷全球半个多世纪后，千楼一面的设计无法再满足各个国家和地区的需求，因而对于地域性和民族性的建筑设计的呼唤愈发强烈。许多建筑师都在地域性和民族性建筑设计方面做出了较多尝试，比如王澍的中国美院象山校区建筑（图2-2-1）就是其中的典型代表，通过夸张的斜坡屋顶、灰瓦在不同立面的多重运用、木制的窗扇等大量的细节设计来表现地域的特质。因而若想充分地呈现建筑的地域性和民族性特色，则相对应的细部设计是必不可少的。

建筑细部应充分考虑到设计所在地区的自然地理环境、社会文化、民族特

（a）中国美院象山校区木制窗扇

（b）中国美院象山校区瓦檐

（c）中国美院象山校区竹篾栏杆

图2-2-1　中国美院象山校区
（图片来源：杜鹃 摄）

点以及经济发展水平的地域特征。通过充分考虑所在地的地理、气候、资源、民族文化和文脉延续，才能在设计中体现出地域环境的特点，使建筑设计展现不同的设计风格，体现特有的民族文化与习俗，使建筑富于个性与特色。

在当代，地域性和民族性的建筑细部表达也要考虑与时代的融合：传统与现代设计如何结合。传统与现代设计表现手法的互融是指在全球化环境中，信息技术高速发展的现代社会，将地域的传统材料设计表现手法与现代主义建筑合理的适合现代社会要求的设计方法相互融通、转化，寻找二者结合的平衡点，实现从传统地域性建筑向现代地域性建筑的演进。如在安藤忠雄的建筑设计中，原本粗笨混杂的混凝土在现代手法的表现下，呈现出独特的“休利灰”的色彩（图2-2-2），并以其简洁无饰的形体和细腻的混凝土质感契合了日本民族文化中对于侘寂美学的追求。

在挖掘和保留地域性、民族性构造技术的同时，要与建筑新技术结合，将地域传统技术中最具活力的部分与当代建筑技术相结合，延续其内在生命，使那些融入了地方情感的传统材料和具有独特智慧的传统技术重现建筑细部活力。如隈研吾的梼原木桥博物馆（Yusuhara Wooden Bridge Museum），借鉴了中日传统建筑中的斗栱木构结构，运用现代结构技术以小部件组成结构体系，从而实现由木梁交织而成的复杂木结构仅需底部一根中心支柱支撑的轻盈效果（图2-2-3）。

同样，细部的材料选择也可以展现强烈的民族性特质。如芬兰盛产木材，阿尔瓦·阿尔托（Alvar Aalto）就在其所设计的建筑中大量运用本地木材；芬兰铜产量居欧洲之首，铜在他的建筑中被用作精致细部的点缀，与厚重的砖石结构形成强烈对比。在玛丽亚别墅（Villa Mairea）的设计中，外墙某些部位采用了半圆形断面的木质直条饰面，翻筑了毛石墙，使用了铺石地面、稻草屋顶，并将室内的立柱用藤条绑扎等（图2-2-4）。这样的设计既保留了理性功能主义特点，又体现了民族浪漫主义精神。

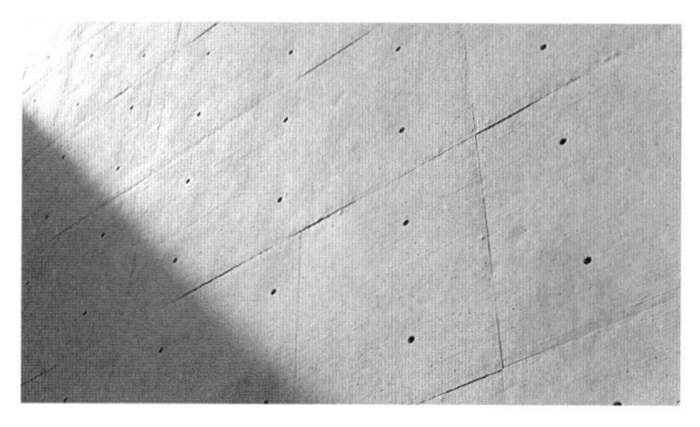

图2-2-2 安藤忠雄的清水混凝土建筑局部
（图片来源：网络）

图2-2-3 隈研吾的梼原木桥博物馆局部
（图片来源：网络）

图2-2-4 阿尔瓦阿尔托设计的玛丽亚别墅
（图片来源：网络）

在当代设计中，建筑细部设计一方面应当传承地域文化，通过尊重传统文化，对地域建筑的材料构造和装饰工艺进行再提取和再创造；另一方面应当合理融会外来文化，探索本地文化与外来文化、世界性与民族性之间的联系与嫁接点。比如上海新天地的建筑设计，将本地石库门建筑与欧式建筑风格融为一体，将中国传统砖雕青瓦压顶门头式样与荷兰式屋顶融会在同一幢建筑中，将本地民居中最常使用的清水砖墙与雕着巴洛克风格卷涡状山花的门楣融会在一起，形成了独特的地域建筑风格，也反映了历史与时代的变迁。

2.2.2 符号性与象征性

什么是建筑的符号性呢？我们先来理解一下符号的含义。符号最简单的意义可以被理解成为象征或代表其他事物的事物。只有当符号与所指事物具有一定关系的时候它才能被称之为符号。符号的性质是由它与它所指代的事物之间的关系决定的，而不是由它本身的任何一种特质决定的。比如热狗店门面上热狗的形象与店里经营的内容有因果联系，舞厅里射出的灯光和充满激情的音乐与舞厅的内容有因果联系。在我们国家符号的运用也有悠久的历史，比如《周易》中八卦图就是一种符号，其象征了阴阳五行学说。我国的古代建筑中也很早就有了建筑的符号性表达，尤其是建筑的装饰细节方面。佛教建筑中多以四大天王、金刚棒、梵文、卷草等为装饰题材；道教建筑常把青龙白虎、朱雀、玄武、勾陈等图饰用于室内装饰和壁画雕饰；百姓则喜用极富象征意义的图案花饰装点居室，如鱼饰暗含年年有余，门上的仿古币铜搭扣喻伸手有钱；下槛的蝙蝠形插销，取其足踩福地之意（图2-2-5）；用“鸳鸯戏水”“龙凤呈祥”图案象征婚姻美满、幸福；以“兽吻”装饰屋脊让其驱灾灭祸。这些形象的符号所代表的是先民们的朴素意念，通过这些建筑符号表达了他们的希望、恐惧、理想和信仰等。

从20世纪50年代开始，在语言符号学的基础上，西方建筑界对建筑符号学进行了大量研究。也就是在这个时期，建筑师们发现普通民众对于同一幢建筑的理解和喜好常常与建筑师大相径庭。于是建筑师该如何通过所设计的建筑来准确地传达其信息变成了建筑符号学研究的主要意义。相较于语言符号学，建筑属于比较复杂的符号体系，因为建筑同时作用于人的视觉、听觉、嗅觉、触觉、平衡感和方位感等多方面感官，研究其作为符号体系如何对使用者、观看者发出讯息。在现当代的建筑设计中，建筑师们也通过符号性的设计唤起人们对文化、历史等信息的注意。比如台北市的圆山饭店（图2-2-6）便是利用彩画梁、丹珠圆柱等具有中国传统特色的符号性细部设计来体现其民族性和文化性。更典型的符号设计运用是2010年世博会的中国馆，

图2-2-5　古建民居下槛的蝙蝠形插销
（图片来源：网络）

图2-2-6　台北市圆山饭店局部
（图片来源：网络）

夸张性的运用斗栱这种古典建筑的代表性符号来突出东方之冠的中国气韵。

在建筑细部设计的符号性和象征性方面，卡罗·斯卡帕（Carlo Scarpa）和马里奥·博塔（Mario Botta）可谓是大师。斯卡帕尤其擅长运用符号性母题进行细部设计。在布莱昂家族墓地（Brion Vega Cemetery）的设计中，整个建筑反复使用了以5.5厘米×5.5厘米为模数的线脚，运用边缘线和轮廓线反映建筑构件之间的关系，将线脚的做法应用到立面上来，形成立面的凹凸与阴影，或用于墙面端部的收尾表现墙面的厚重，这些符号的重复使用也体现了斯卡帕对材料的独特处理方式，在结构合理的前提下赋予形式另一种装饰的功能。同样，斯卡帕擅长将细部赋予象征意义：布里昂家族墓地里的两个相互交错的圆形符号（图2-2-7a、图2-2-7b）象征着死亡就像是被补足的半圆一样，经过它的生命又继续流回它开始的源泉。在维琴察集合住宅（Vicenza Apartment House）的设计中，混凝土柱和水平钢梁的连接是通过一个钢制的连接件完成的（图2-2-8）。混凝土抗压、钢梁抗拉，这两种材质的完美结合为建筑提供了足够的支撑，不仅清晰地体现了结构的力学逻辑，更是通过链接件自身的外观和光影象征了古典柱式，让我们从新的建筑模式

（a）布莱昂墓园的双圆洞

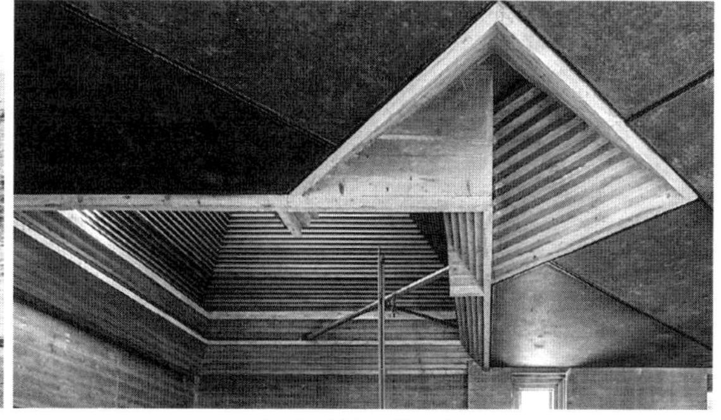

（b）建筑天花局部

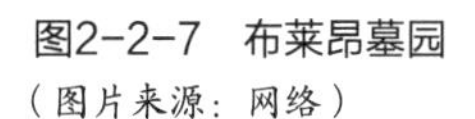

图2-2-7　布莱昂墓园
（图片来源：网络）

图2-2-8　卡罗·斯卡帕的维琴察集合住宅局部
（图片来源：网络）

图2-2-9　马里奥·博塔的埃弗里大教堂局部
（图片来源：网络）

中读出了浓厚的历史意蕴。在马里奥·博塔的建筑中，也常常会见到具有强烈标识性和暗示性的符号性细部。在法国埃弗里大教堂（Evry Cathedral）的设计中，博塔重复使用了后退的砖砌线脚（图2-2-9）以强调建筑的入口空间，用更抽象的手法唤起人们对巴黎圣母院等哥特式教堂的历史记忆。即使在今天，在多元化的后现代社会，细部的象征性仍是阅读建筑的线索。

2.2.3　文化性与历史性

杰弗里·斯科特（Geoffrey Scott）在其名著《人文主义建筑学——情趣史的研究》中写道“历史过去的光辉，以及浪漫主义对它的崇拜，十分自然地被延伸到各个细节，而正是在这些细节之中往往保存了过去。”正是由于千百年来历史的不断沉淀与锤炼，才逐渐形成如古希腊、古罗马柱式等精致的细部，而这些细部在长久的历史里不断地影响着人们，形成了根深蒂固的印象，以至于我们在今时今日看见这种符合形制的细部时，就会认定其代表了西方古典风格。而后现代主义通过对历史的重述和对装饰的解构，让人们意识到其夸张变形的细部来源于古典但却不是古典主义。凭借细部所载有的地域特色、地区差异，可区分不同国家的建筑。而细部所携带的历史和文化信息才使我们得以区分不同时代、不同风格的建筑。

细部在历史的演变中，延续了文化的脉络。比如我国传统建筑中的斗栱，从战国出现，到汉代开始在柱间用斗栱，再到唐代立于殿堂型构架柱网之上，形成稳健雄丽的风格，而后演变至明清，渐渐斗栱的尺度不断缩小，间距加密，越来越倾向于装饰化。而在这演变过程中的每一阶段，斗栱这一细部既延续了传统的木构文化，又展现了不同朝代的历史特色。

在古代建筑中，往往一个有代表性的彩画的局部或者是斗栱的做法，就能看到整个建筑的文化特征。当代的建筑设计也是如此。日本的现代建筑在被世界审美认同的同时还能具有所谓的“和风”，其中一个典型原因，就是建筑师对建筑细部恰如其分地把握与表现。隈研吾作品中极精致的材料应用，非常有助于空间质感的表现，借以表现极富日本特点的空间文化（图2-2-10）。建筑师有意地运用一些典型的具有历史、地域、民族等信息的建筑细部，有利于创作出具有鲜明文化特征的建筑作品。在我国现当代的建筑设计中，也面临同样的挑战，传统文化与国际现代的孰去孰从。戴念慈在设计曲阜孔庙旁的阙里宾舍的时候就面对这样的争议，而其通过控制高度、合院布局、灰瓦屋顶和清水墙等一系列设计手法很好地协调了历史建筑区的整体风貌。在细部设计上，戴念慈也通过精妙的设计将传统文化与现代手法很好地结合在一起。戴念慈将客房墙体在纵深方向上设计成三段式：一层窗上皮线以上为白粉墙，中间墙身为灰砖墙，勒脚以下是花岗石（图2-2-11）。其中，白粉墙突出灰砖墙2～3厘米，灰砖墙又退后花岗石勒脚 3～4厘米。这一“竖三段”的形式策略打破了由台基、墙身及屋顶三部分构成的东方传统木构体系的原型参照，与西方古典石筑体系“竖三段”的形式逻辑颇为相似，但不全然与之对应。粉墙与砖墙没有在楼板处分隔，分隔线下降至一层窗口的

图2-2-10　隈研吾设计的银山温泉藤屋
（图片来源：网络）

图2-2-11　戴念慈设计的阙里宾舍局部
（图片来源：网络）

上皮，这种比例相比于上下均分显得更为灵动、舒展和明亮。屋檐下的部分与窗户向内退进，较厚的白粉墙稍向外突出，这种做法除了构图考虑，也暗喻了传统建筑中木结构为框架承重结构、墙则为填充围护结构的事实。

当今时代，设计更注重人的价值和需要，建筑应更加注重创造有特征，有气氛、有归属感的场所。每个时代的人们都在追求和创造着能够满足自己生存和生活需要的建筑环境，好的建筑细部要贴合本时代人的生理和心理需要，并和建筑的其他因素共同组成适合于人们生活的建筑环境。

2.3 建筑的部位与建筑细部

2.3.1 屋盖与檐部

屋盖是屋面与支撑结构的组成体，檐部是屋顶与墙柱等支撑结构的连接部位及其延伸，二者与女儿墙、天窗、烟囱等附件共同构成了屋顶的主要功能体。因屋盖承担了屋顶中最多的荷载，所以在设计时的细部处理要考虑结构的本身需求：以平顶而论，主体的形态完全依靠基础工程实现，只有边缘线条能够进行一定的变形处理，可以与檐部和女儿墙一起进行细部设计；坡顶的话，屋盖是其形态主体，正脊与垂脊是整个屋面的龙骨，可以精细处理的细部往往在两脊的交叉处，中国古典建筑中经常通过彩绘来进行装饰；穹顶与拱顶具备较好的力学结构，因而在帆拱和拱券上可以进行大量的细部设计，西方古典建筑中经常看到拱券上的雕花等装饰细部；尖顶作为当代高层建筑中十分常见的形式，体块不断递进收缩，也非常适合在立面和体块交界处进行细部设计。

檐部作为屋顶与墙柱等支撑结构的连接部位，本身是一个承重部位，同时又是屋顶形态的重要表达部分。其对丰富建筑的天际轮廓有着重要作用，通常利用装修、色调、线脚的细部处理与墙身区分开来。在我国古代建筑中，檐部也是重要的建筑表达主体。常见的飞檐形如飞鸟展翅，轻盈活泼，体现了建筑民族风格。上翘的飞檐巧妙地突出了坡屋顶的优美造型，给人们以赏心悦目的艺术享受。飞檐上常常以避邪祈福的麒麟、飞鹤、灵鲤、祥云等装饰作为细部。而当代建筑屋顶以平顶居多，想要做出精致性的檐部，需要考虑承重部位的加固与形状及镂空等艺术结构的权衡。

本小节后附部分国内外现代建筑的典型性屋盖与檐部细部的图片示例（图2-3-1～图2-3-11），以供读者们学习参考。

国内外屋盖与檐部典型细部示例：

（a）阙里宾舍大堂的屋盖外部设计　　（b）阙里宾舍大堂的屋盖内部设计

图2-3-1　阙里宾舍
（图片来源：网络）

（a）屋盖外部　　（b）屋盖内部

图2-3-2　美国国家美术馆东馆
（图片来源：网络）

（a）屋盖　　（b）屋盖内部

图2-3-3　日本美秀美术馆
（图片来源：网络）

图2-3-4　苏州博物馆的檐部设计
（图片来源：杜鹃 摄）

图2-3-5　香山饭店的檐部设计
（图片来源：网络）

（a）屋盖

（b）屋盖细部

图2-3-6　伦佐皮亚诺设计的特伦托科学博物馆
（图片来源：网络）

图2-3-7　贝聿铭设计的克莱奥罗杰斯纪念图书馆檐部
（图片来源：网络）

图2-3-8　东京国立博物馆东洋馆檐部
（图片来源：朱珺成 摄）

图2-3-9　青木淳设计的青森县立博物馆檐部
（图片来源：朱珺成 摄）

图2-3-10　横滨美术馆中庭檐部
（图片来源：朱珺成 摄）

图2-3-11　朗香教堂的檐部
（图片来源：王玲 摄）

2.3.2　柱与柱廊

柱子作为建筑的主要结构支撑部分，从古至今，在承担受力作用之外也通过各种装饰性、实用性的细部来表达其丰富的内涵和作用。普遍意义上，无论是西方的古典柱式还是中国古建的木柱均呈现出复杂的装饰纹样。到了20世纪，现代主义风靡的同时，单纯装饰性的细部逐渐从结构体系中消失。但并不意味着现代审美不需要细部，从阿克瑟・舒尔特斯（Axel Schultes）

图2-3-12 阿克瑟·舒尔特斯的伯恩艺术博物馆局部
（图片来源：网络）

设计的德国伯恩艺术博物馆（Kunstmuseum Bonn）（图2-3-12）我们可以发现结构部件也可以凭优雅的细部来呈现美感。博物馆的入口空间有着数根13米高的纤长混凝土柱，柱子和平整屋面的孔洞之间通过四根钢丝网来连接，使空间顿生轻盈，非常巧妙地化解了重量感，并表现了力的传承。因此，无论是浑厚的混凝土柱子还是轻盈的钢柱，我们只要通过精巧的设计，一样能呈现出丰富的内涵和多样的形式。

当柱子排列或组合起来便形成柱廊。在古典风格建筑中，柱廊几乎是不可或缺的存在。无论是帕特农神殿中巨大高耸的多立克柱廊，还是圣彼得大教堂前的环形柱廊，一方面通过柱子的规则式重复和排列形成了强有力的力量感和庄重的仪式感，另一方面也塑造了柱子这种结构构件的集体韵律美。在中国的古典建筑和园林中也常见到柱廊的使用。柱廊以较为宽松的限定营造灰空间，将外部环境引入建筑内部，使建筑内外空间交融，丰富空间层次。同时也是古典建筑群之间相互连接、形成围合空间的必要手段。在现当代的建筑设计中，柱廊不再拘泥于规则式的布局需求，而是借助于新的结构和材料技术呈现出多样和自由的组合形式，带来新的空间感受。

本小节后附部分国内外现代建筑的典型性柱子与柱廊细部的图片示例（图2-3-13～图2-3-33），以供读者们学习参考。

国内外柱子与柱廊典型细部示例：

图2-3-13　阿克瑟·舒尔特斯设计的伯恩艺术博物馆
（图片来源：网络）

图2-3-14　东京法隆寺宝物馆柱廊
（图片来源：朱珺成 摄）

图2-3-15　法国21世纪国家博物馆入口柱廊
（图片来源：王玲 摄）

图2-3-16　意大利都灵圣面教堂柱廊
（图片来源：王玲 摄）

图2-3-17　旧金山泛美金字塔底部柱廊
（图片来源：杜鹃 摄）

（a）主立面柱廊

（b）庭院柱廊

图2-3-18　中国国家博物馆柱廊
（图片来源：a杜鹃 摄，b网络）

图2-3-19　菲利普约翰逊设计的佛罗里达州庆祝镇市政厅
（图片来源：网络）

（a）入口柱廊

（b）入口柱廊细部

图2-3-20　加州自然科学博物馆
（图片来源：杜鹃 摄）

图2-3-21　伊朗德黑兰城市剧院外部柱廊
（图片来源：网络）

图2-3-22　南京石塘村互联网会议中心
（图片来源：网络）

图2-3-23　李承德设计的中国美院南山校区入口柱廊
（图片来源：杜鹃 摄）

图2-3-24　某建筑外檐柱廊
（图片来源：网络）

图2-3-25　某建筑外部混凝土柱廊
（图片来源：网络）

图2-3-26　墨西哥细丝教堂柱廊
（图片来源：网络）

（a）柱廊　　（b）柱子细部

图2-3-27　洛杉矶盖蒂中心博物馆
（图片来源：杜鹃 摄）

（a）竹制细柱　　（b）柱子细部

图2-3-28　冯纪忠设计的何陋轩
（图片来源：a网络，b杜鹃 摄）

图2-3-29 贝聿铭设计的苏州博物馆中八角茶亭的柱子局部
（图片来源：杜鹏 摄）

图2-3-30 上海K11中庭柱子
（图片来源：杜鹏 摄）

图2-3-31 洛杉矶中国剧院入口柱子局部
（图片来源：杜鹏 摄）

图2-3-32 混凝土柱子表面的铁网砾石细部
（图片来源：网络）

图2-3-33 木与钢结合的Y形柱
（图片来源：网络）

2.3.3 门窗与入口

随着技术的进步，尤其是玻璃等透光材料的发展，当代的窗户不再像古代建筑一样需要重重叠叠的窗棂来承接薄纸。现代主义时期，无论从使用者的功能还是审美需求出发，建筑设计都更加追求增大窗户的面积和透光性，因而去掉了古代花窗的繁复装饰。从柯布西耶的萨伏伊别墅中似无遮拦的水平横向长窗到路易斯·康的湖滨高层住宅立面一泻而下的落地窗，无不凸显着现代建筑技术和材料的非凡成就。斯卡帕等建筑师从细部出发，在挖掘窗户在采光之外所能蕴含的历史性和神圣性，通过重复的线脚、转折和凹凸来揭示建筑的深刻内涵。而在当代建筑设计中，经过精巧的细部所形成的窗户也成为建筑立面的丰富表情，展现了建筑所具有的独特风格和个性。

而门作为建筑入口必不可少的部件，也在现代建筑的进化中不断发生演变。比如西方古典的山花门楣，用繁复的雕饰来表达门的重要性，不仅是实际的进出空间，也被赋予了神圣的象征意义。而今天的门，相比之下，更注重出行方便，去掉了繁复的装饰，却增添了大量人性化细节，与使用者之间的距离更为亲近。诚然，现代主义的千篇一律的平庸复制让人厌烦，但建筑师依然可以通过深入提炼和再造的细部设计，唤起人们对历史的情感和记忆。比如马里奥·博塔在瑞士的圣乔瓦尼巴蒂斯塔教堂（Church of San Giovanni Battista, Mogno）的设计中将哥特式教堂里层层叠叠的拱券抽象成一圈圈的砖拱（图2-3-34），以现代的手法隐喻了历史，使人们能找到与古典式教堂相似的情感联系。所以，在当代设计中，门依然是不可或缺的精致性和风格化的设计重点。

图2-3-34　马里奥博塔设计的圣乔瓦尼巴蒂斯塔教堂局部
（图片来源：网络）

本小节后附部分国内外现代建筑的典型性入口与门窗细部的图片示例（图2-3-35～图2-3-70），以供读者们学习参考。

国内外入口与门窗典型细部示例：

图2-3-35　马里奥·博塔设计的都灵圣面教堂入口
（图片来源：王玲 摄）

图2-3-36　路易斯·康设计的宾夕法尼亚州理查德医学研究实验楼入口
（图片来源：网络）

图2-3-37　贝聿铭设计的克莱奥罗杰斯纪念图书馆入口
（图片来源：网络）

图2-3-38　伦佐·皮亚诺设计的特伦托科学博物馆入口
（图片来源：朱珺成 摄）

图2-3-39　柯布西耶设计的朗香教堂入口
（图片来源：王玲 摄）

图2-3-40　谷口吉生设计的东京法隆寺宝物馆入口
（图片来源：朱珺成 摄）

图2-3-41　青木淳设计的上海尚嘉中心入口
（图片来源：网络）

图2-3-42　纽约富兰克林街100号建筑入口
（图片来源：网络）

图2-3-43　某酒店入口
（图片来源：网络）

图2-3-44　斯蒂芬·霍尔设计的MIT西蒙斯大楼的入口
（图片来源：网络）

图2-3-45　某办公楼入口
（图片来源：网络）

图2-3-46　某大楼入口
（图片来源：网络）

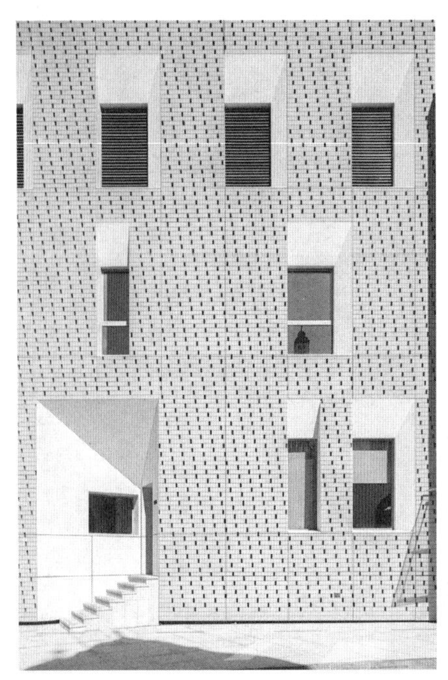

图2-3-47　某建筑入口之一
（图片来源：网络）

图2-3-48　某建筑入口之二
（图片来源：网络）

图2-3-49　华南理工大学校园某建筑入口大门
（图片来源：杜鹃 摄）

图2-3-50　某建筑入口之三
（图片来源：网络）

图2-3-51　某建筑入口之四
（图片来源：网络）

图2-3-52　某住宅建筑入口
（图片来源：网络）

图2-3-53　某建筑入口设计
（图片来源：网络）

图2-3-54　某住宅入口及大门设计之一
（图片来源：网络）

图2-3-55　某住宅入口及大门设计之二
（图片来源：网络）

图2-3-56　布加勒斯特某建筑大门设计
（图片来源：杜鹃 摄）

图2-3-57　布加勒斯特某建筑窗户设计
（图片来源：杜鹃 摄）

图2-3-58　华南理工大学校园某建筑窗户细部
（图片来源：杜鹃 摄）

图2-3-59　路易斯·康的宾夕法尼亚州理查德医学研究楼的窗户
（图片来源：网络）

图2-3-60　斯卡帕设计的维罗纳人民银行的窗户细部
（图片来源：网络）

图2-3-61　斯卡帕设计的维琴察集合住宅的窗户细部
（图片来源：网络）

图2-3-62　斯卡帕设计的石膏博物馆的窗户
（图片来源：网络）

图2-3-63　柯布西耶设计的朗香教堂
（图片来源：王玲 摄）

（a）立面窗户

（b）立面内部

图2-3-64　戈登·邦沙夫特设计的拜内克古籍善本图书馆
（图片来源：网络）

图2-3-65　布拉格某酒店窗户设计
（图片来源：杜鹏 摄）

图2-3-66　纽约富兰克林街100号建筑窗户设计
（图片来源：网络）

（a）立面窗户　（b）窗户内部

图2-3-67　让·努维尔设计的巴黎阿拉伯中心
（图片来源：网络）

图2-3-68　北京798园区某建筑窗户之一
（图片来源：杜鹃 摄）

图2-3-69　北京798园区某建筑窗户之二
（图片来源：杜鹃 摄）

图2-3-70　路易斯·康设计的印度管理学院大楼的门窗
（图片来源：网络）

2.3.4 阳台

阳台作为一个相当于室外活动平台的建筑空间，相比其他建筑类型，在住宅建筑上出现得更为普遍，也更具特色，同时它具有的生活及休闲特点也是其他构图元素所不具备的。这几点特性造就了阳台在建筑的形体塑造方面的作用尤为突出。阳台的形式一般随其依附建筑的形制而变化，大多反映在阳台栏杆的材质图案纹样等构成元素上，而这些构成元素往往是需着重设计的细部。在古典风格时期，石质的雕饰栏杆与立面的窗框、壁柱等共同形成了典雅的建筑立面。而到了新艺术运动时期，大量运用植物图案和装饰纹样，在铁艺的技术发展支持下，此时的阳台设计可谓是大放异彩，比如安东尼奥·高迪（Antonio Gaudi）设计的“米拉公寓（Casa Mila）”的阳台就是精彩的案例（图2–3–71），像藤蔓一样缠绕的铁艺栏杆与曲线型的混凝土阳台楼板像浪花一样漂浮在波浪形的墙面之上，为该建筑增添了流动感和浪漫的色彩，并与周围的群山相呼应，使得该建筑成为整个巴塞罗那的骄傲。这一时期的诸多铁艺栏杆设计也影响到了后来的Art Deco风格，以至于今天无论在欧洲小镇还是上海的外滩街头，我们仍然能看到大量各式各样充满装饰意味的铁艺栏杆，为这个城市的建筑增添丰富的细节趣味。在当代的建筑设计中，追求更现代更简洁的建筑设计师们也依然以各自的方式在创造令人惊喜的细节。例如吉瑞特·托马斯·里特维德（Gerrit Thomas Rietveld）设计的荷兰乌德勒支“施罗德住宅（Rietveld Schröder House）”，方形阳台凸出建筑外墙面，以形式极为简洁的金属杆、光洁无饰的白色栏板和简单直立的金属柱的相互组合，所有构件之间以最小化的接触面相接，共同营造出具有浓郁风格派艺术的阳台（图2–3–72）。

图2–3–71　高迪设计的米拉公寓局部
（图片来源：网络）

图2-3-72　里特维德设计的施罗德住宅局部
（图片来源：网络）

本小节后附部分国内外现代建筑的典型阳台细部的图片示例（图2-3-73～图2-3-92），以供读者们学习参考。

国内外阳台典型细部示例：

图2-3-73　路易斯·康设计的萨尔克研究中心的阳台
（图片来源：杜鹃 摄）

图2-3-74　柯布西耶设计的德国柏林居住单元阳台
（图片来源：网络）

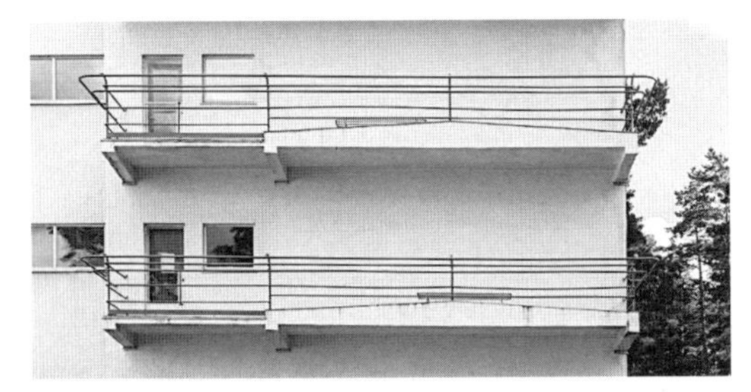

图2-3-75　阿尔瓦·阿尔托设计的帕米欧结核病疗养院的阳台
（图片来源：网络）

图2-3-76　某住宅楼阳台设计
（图片来源：网络）

图2-3-77　罗马街头某建筑阳台设计
（图片来源：王玲 摄）

图2-3-78　某建筑阳台设计之一
（图片来源：网络）

图2-3-79　某建筑阳台设计之二
（图片来源：网络）

图2-3-80　某建筑阳台设计之三
（图片来源：网络）

图2-3-81　某建筑阳台设计之四
（图片来源：网络）

图2-3-82　某建筑阳台设计之五
（图片来源：网络）

图2-3-83　某住宅楼阳台概念设计
（图片来源：网络）

图2-3-84　某住宅楼阳台设计之一
（图片来源：网络）

图2-3-85　某住宅楼阳台设计之二
（图片来源：网络）

图2-3-86　某住宅楼阳台设计之三
（图片来源：网络）

图2-3-87　某住宅楼阳台设计之四
（图片来源：网络）

图2-3-88　某住宅楼阳台设计之五
（图片来源：网络）

图2-3-89　某住宅楼阳台设计之六
（图片来源：网络）

图2-3-90　某高层住宅楼阳台设计
（图片来源：网络）

图2-3-91　上海衡山宾馆阳台设计
（图片来源：网络）

图2-3-92　上海某历史建筑的阳台设计
（图片来源：网络）

3

现代建筑的细部

现代建筑通过历史文化背景、生产技术、结构材料、选型形式、风格创造等方面传承了中外传统建筑的精华。而细部作为现代建筑的重要构件和文化表达的符号，也在不断地传承与发展中延续传统建筑的生命力。

传承与发展的关系，又表现在细部与整体诸方面的协调与统一，细部往往是伴随建筑形式和风格的演变而变化。20世纪现代建筑创作产生了诸多的流派，不同的流派几乎都有代表性的细部设计。这些流派无论是从理论方面还是实践方面，均产生了丰富的经验与创作成果供我们学习研究。本章重点以中国现代建筑为例进行说明和讲解，现将其初步分析和归纳为不同的路径与方法：

（1）建筑细部的传承与发展

1）传承型

2）探索型

3）现代型（创新型）

（2）现代建筑细部的构成方法

1）构成要素与建筑细部

2）构成设计方法

3.1 建筑细部的传承与发展

3.1.1 传承型

在众多的中国传统建筑符号中，传承下来的有台阶、柱、梁、桁架、斗栱、屋盖等构件与装饰细部，其中最显著的细部当推屋盖，即俗称的“大屋顶”，这也成为近现代历史时期得到我国普遍认同的民族形式的标志。在20世纪的百年历程中，我国现代建筑经历了三个不同阶段，留下了不少著名的“大屋顶”建筑。

第一阶段：20世纪30年代，中国早期建筑师面对列强侵略而激发的爱国主义精神，受着“中学为体，西学为用，保存国粹”的思想影响，加之在国民政府定都南京后，推行“首都计划”和“上海大都市计划”的要求，力推以中国固有的建筑形式为最宜，而公署及公共建筑尤其应当尽量采用，并从法规上促进了对中国传统建筑形式的追求（图3-1-1～图3-1-7）[①]。

图3-1-1　中山纪念堂

图3-1-2　民国时期上海市政府办公楼

图3-1-3　上海市博物馆

图3-1-4　湖南大学礼堂

图3-1-5　金陵大学礼堂

① 本节图片除标注外，均摘自中国现代美术全集：建筑艺术1～5[M]. 北京：中国建筑工业出版社，1998.

图3-1-6 上海原市政府办公楼

图3-1-7 南京中央博物院

第二阶段：20世纪50年代即中华人民共和国成立之初，一大批注重功能、经济适用、造型朴实的居住与公共建筑在城市中兴建。在当时“一边倒”的时代背景下，号召进行社会主义内容与民族形式的建筑设计，虽然建筑师们对这一口号还处在朦胧认识中，但这种口号引领了一种创作思潮并被行政权力加以推行，以及当时对西方“结构主义”的大规模批判，使得“大屋顶”的设计风格在短时期内蔚然成风。当时是国家经济建设的紧要时期，这种设计风格使得大量的建筑资金被浪费。后来在“反浪费”的运动中，建筑界反思这一时期的设计风格，对“复古主义”创造思潮进行了严肃批判，从而使得“大屋顶”的泛滥得以收敛。但此时并未对这一创作思潮中涌现的种种问题和优秀案例加以深刻的总结（图3-1-8～图3-1-11）。

图3-1-8　长春一汽宿舍楼

图3-1-9　北京三里河区“四部一舍”办公楼

图3-1-10　20世纪60年代上海街头某建筑

图3-1-11　中国美术馆

第三阶段：20世纪80年代，北京的建筑设计界掀起了“还我古都风貌”的短暂风浪，但在不久后改革开放的时代浪潮下，建筑设计师们迅速打破了封闭的创作环境，各种百花齐放的创作理论也逐步成熟，因而这一口号很快地偃旗息鼓了（图3-1-12～图3-1-20）。

图3-1-12　北京民族文化宫

图3-1-13　全国农业展览馆

图3-1-14　曲阜孔子研究院

图3-1-15　北京国家图书馆

图3-1-16　北京国家图书馆老馆
（图片来源：网络）

图3-1-17　扬州鉴真纪念堂

图3-1-18　某仿古建筑群

图3-1-19　武汉黄鹤楼（重建于1985年）

图3-1-20 山东曲阜阙里宾舍

综上可以发现，我国在20世纪以后的三个不同时期，建筑造型以“大屋顶”为主要表现形式。虽然这些作品在设计处理上秉承着传统屋顶的气韵、形式符号，以及细节，也涌现了不少精品佳作，但毕竟难以适应现代功能的需求、施工材料技术的工业化，以及高昂的造价，而更需要重视的是在创作中如何实现中国现代建筑的探索与创新。

在20世纪不同年代中修建最多的是传承古典形式的大型公共建筑，这些建筑有下列三点共同特征：

一、公共建筑的不同类型主要从传承屋盖的形式来体现，例如博物馆、美术馆、政府办公大楼等常以庑殿顶、歇山顶（重檐、单檐）为主，通过这种屋顶形式体现其建筑规模及重要性。

二、这些作品的构思有的受城市环境的影响，有的受社会思潮影响，有的以表达传统文化为特色。这些重要作品从形式、比例、尺度以至于细部上体现出对传统建筑的传承，不仅达到了一定的设计水平并且对传统建筑艺术有着深刻的认知。戴念慈先生在阙里宾馆的设计自述中谈到，与曲阜孔庙仅一墙之隔的现代宾馆，如何在布局和造型上适应周边的传统风貌，他认为“以传统的屋盖形式，以及底层庭院式布局是合适不过的”。

三、在屋盖型体组合上，有些建筑作品较为复杂，除了常见的重檐，还有三重檐形式，如广州中山纪念堂；有由于功能和平面布局而形成多重檐的组合，如湖南大学礼堂等；有正方形、圆形的攒尖型屋盖（单层或重檐）以及十字脊甚至多种不同屋盖造型的组合。但必须指出的是：建筑设计如果忽略现代建筑功能要求，而仅仅从形式出发，不仅会造成造型比例、尺度的失调，并且会造成经济建设的浪费。

3.1.2 探索型

早在20世纪初，一批从海外学成归来的建筑师们：董大酉、庄俊、梁思成、杨廷宝、林徽因、陈植、童寯、刘敦桢等，纷纷研究中国传统建筑、创办建筑学专业，以及作为执业建筑师从事创作，而如何创造中国现代建筑成了他们共同的追求及职业担当。中华人民共和国成立后，建筑事业蓬勃发展，从中华人民共和国成立前仅有八处院校设立了建筑专业到20世纪80年代的十四所院校，一直到20世纪末发展为近百所，培养并充实了建筑师队伍。随着改革开放的深入以及建筑师执业资格制度建立，建筑设计行业迎来发展的"黄金时代"，项目之多、规模之大、类型之广并开展与国外的建筑师的合作设计等，促使建筑创作的探索之路越走越宽，建设部门、学会组织、方案评审与评选活动更助推了创作的繁荣。回顾这一时代的一大批探索型作品，从整体、局部、细部的各种创作手法加以评价，可以帮助我们进一步建立起创作的自信，发挥设计创新精神。

探索具有中国古典样式特色的现代建筑的设计创作，经历了从表层、中层、深层三个不同层面的发展，也同时从构件形式、审美内涵以及文化意义三个方面进行了挖掘，大体上可以将探索型设计手法归纳为以下几种：

图3-1-21　中国银行总行大楼

（1）摆脱了沉重的中国古典屋盖系统，代之以平屋面加以檐口细部处理：一是采用了盝顶小挑檐兼作女儿墙的作法（图3-1-21），二是以琉璃装饰构件贴面。这两者的共同的特点是墙体顶部的轮廓与天际线分界明显，突出了原有"大屋顶"建筑的屋面材料色彩。例如天安门广场上的几座大型公共建筑，不仅取得了群体之间的相互协调，同时彰显了作为国家标识的天安门城楼的主体位置。

（2）从一些早期现代建筑上撷取某些传统建筑的构件与细部，如椢子、斗栱、雀替、彩画、须弥座、霸王拳等，融入现代建筑，展示在相应的建筑部位上，以求达到一些"画龙点睛"唤起历史记忆的作用（图3-1-22）。

（3）采用现代建筑材料与现代工艺加工，经解构、变异、简化、重组等手法，

图3-1-22　上海一百商店（大新公司）

如新式漏窗、金属幕，再结合点、线、面的现代构成等多种手法，使现代建筑呈现了更加多彩和多元的发展。

（4）我国这一传承古典与创新现代的探索路径与西方有着“异曲同工”的发展意义。从初期现代主义的光秃秃“方匣子”建筑到20世纪中期“后现代主义”重新使得古希腊、古罗马古典柱式在现代建筑上大放异彩，都是从构件的简化与变异重组中探索出建筑造型创新之路。

此外，自1840年鸦片战争西方列强坚船利炮轰开国门，中国被迫开放租界，银行、海关等以西方古典建筑形式出现在上海、天津、广州等口岸城市，加之以宗教的“中国化”或“本色运动”、发扬东方文明为名，一些国外建筑师设计了保留了部分中国传统形式符号的建筑，如学校、医院等。而这成为中国近代建筑史上多重风格、新旧并存的时代特征之一（图3-1-23～图3-1-36）[①]。

① 本节图片除标注外，均摘自中国现代美术全集：建筑艺术1～5[M]. 北京：中国建筑工业出版社，1998.

图3-1-23　沈阳火车站

图3-1-24　原国民党外交部大楼

图3-1-25　北京市百货大楼

图3-1-26　某饭店建筑

图3-1-27　南京中山陵

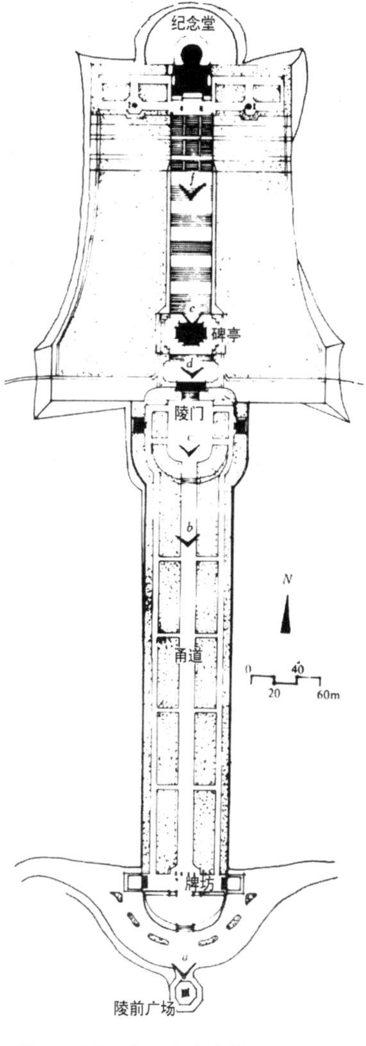

图3-1-28　南京中山陵牌坊

图3-1-29　南京中山陵总平面图

图3-1-30　某牌坊

图3-1-31　南京雨花台烈士纪念馆之一

图3-1-32　南京雨花台烈士纪念馆之二

图3-1-33　菊儿胡同

图3-1-34　某饭店建筑

图3-1-35　临渊坊

图3-1-36 某滨水建筑

3.1.3 现代型

现代主义建筑思潮是20世纪创作的主要潮流，出现了一批适应现代功能要求、引进了新技术与新材料并在早期已显露出中国建筑创作特色的现代建筑作品，虽然为数不多。在改革开放以后，大量现代化建筑出现在各地大中型城市中，成为这一时代的标志与创作成果。其中也有一些大城市吸引了国外建筑师进行了许多新的创作，宽松的环境、经济的繁荣、设计与建设队伍的扩大，都为这一时期的建筑创作提供了坚实的基础。这一时期的创作出现了以下特点：

（1）结合现代主义建筑设计“形式追随功能”的基础理论，把建筑的功能放在第一位，确立“功能、技术、造型”三要素。

（2）一方面探索以木结构体系构建的传统建筑，从整体与局部上如何表达时代性；另一方面，在新的功能材料方面与结构体系方面也产生了一些新的认知与创作方法。传统在文脉上的延续，现代建筑语言的拓展，以及现代主义不同流派的影响，均在这一时期的创作探索中发挥着不同的作用，出现了一批“新而中”的优秀作品。

（3）广泛吸收多种创作理论，但立足于探索“民族性”“地域性”等，在全球化的背景下如何展现中国新时代的风格为创作主旨，探索范围更加广泛，创作更加多元。

（4）从引入现代设计构成理论及实践开始，建筑学的基础训练也从古典水墨渲染改革为以点、线、面构成设计，使得学习设计的“第一步”摆脱了单纯模仿和“思维定律”的作用。

这一时期的建筑细部发展详见图3-1-37 ~ 图3-1-62。

图3-1-37　上海国际饭店

图3-1-38　上海美琪大戏院

图3-1-39　北京电报大楼

图3-1-40　方塔园入口大门

（图片来源：网络）

图3-1-41　北京香山饭店

图3-1-42　宁波历史博物馆
（图片来源：网络）

图3-1-43　北京台阶式花园住宅

图3-1-44　北京人民大会堂

图 3-1-45　星海音乐厅

图3-1-46　上海龙柏饭店

图3-1-47　上海八佰伴商场

图3-1-48　天津大学建筑系馆

图3-1-49　上海虹桥友谊商场

图3-1-50　某滨水建筑

图3-1-51　梅地亚中心

图3-1-52　同济逸夫楼

图3-1-53　某公共建筑

图3-1-54　国家奥体体育馆

图3-1-55　美国国家美术馆东馆
（图片来源：网络）

图3-1-56　国家大剧院
（图片来源：网络）

图3-1-57　日本代代木体育馆
（图片来源：朱珺成 摄）

图3-1-58　苏格兰V&A Dundee博物馆
（图片来源：网络）

图3-1-59　日本水之教堂
（图片来源：网络）

图3-1-60　萨伏伊别墅
（图片来源：王玲 摄）

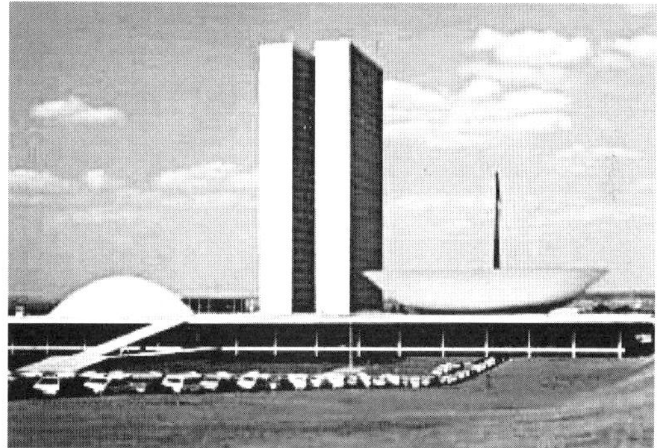

图3-1-61　巴西利亚国会大厦
（图片来源：网络）

图3-1-62　朗香教堂
（图片来源：王玲 摄）

3.2 现代建筑细部构成方法

3.2.1 构成要素与建筑细部

现代建筑常以点、线、面、体作为构成要素体系，全面分析这些要素的内涵和特征、在建筑创作中的运用与手法创新，以及其文化基因，成了现代建筑实践的基础。

通过简要地回顾这些要素的基本特点，结合现代建筑的优秀案例进行分析，提升设计者们对构成要素的认知，熟悉以现代构成进行建筑细部创作的方法。

（1）点（图3-2-1～图3-2-21）[①]

“点”在通常形成于“面”上，可以通过其大小、形状、排列、虚实进行变化和组合，形成点阵、透叠等形式，初步归纳构成方法有以下几种：

1）疏密

2）渐变

3）交错

4）叠加

加之对传统与现代不同材料的运用，如砖、石、混凝土、金属网格、板材、玻璃等，再通过现代工艺加工，辅之以色彩、灯光，形成了千变万化的创新造型，给予人们迥然不同的视觉感受。

图3-2-1　某伊斯兰风格建筑

以集合纹样的细部形成点状母题。

① 本小节图片除标注有单独注明外，均来自本书所列参考文献。

图3-2-2　路易威登旗舰店立面
（图片来源：网络）

将立面方块状细部的大小和虚实进行渐变形成点状分布立面。

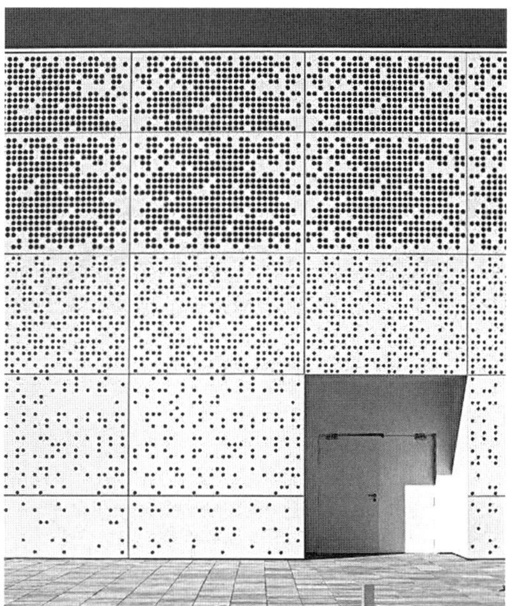

图3-2-3　某建筑立面之一
（图片来源：网络）

通过细部穿孔板的空洞分布密度不同形成渐变状立面。

图3-2-4　某建筑走廊
（图片来源：网络）

以空心砖的细部组合形成点状立面。

图3-2-5　某建筑立面之二
（图片来源：网络）

图3-2-6　某建筑立面之三
（图片来源：顾馥保 摄）

图3-2-7　某建筑立面之四
（图片来源：网络）

以小孔和方块形成点状细部构成立面。

图3-2-8　某建筑立面之五
（图片来源：网络）

以圆点状细部构成大体量立面。

图3-2-9　上海嘉定新城幼儿园立面
（图片来源：网络）

图3-2-10　某建筑立面之六
（图片来源：网络）

图3-2-11　某建筑立面之七
（图片来源：顾馥保 摄）

图3-2-12　某建筑门廊细部
（图片来源：网络）

以点状细部构成反光感和精致感的入口门廊。

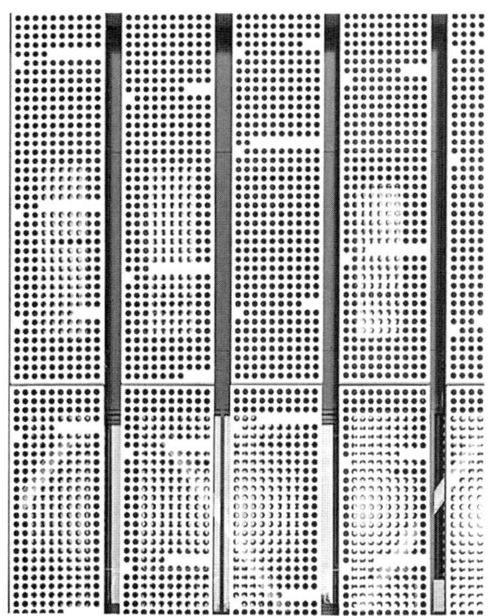

图3-2-13　某建筑立面之八
（图片来源：网络）

图3-2-14　某建筑立面之九
（图片来源：网络）

图3-2-15　某建筑立面之十
（图片来源：网络）

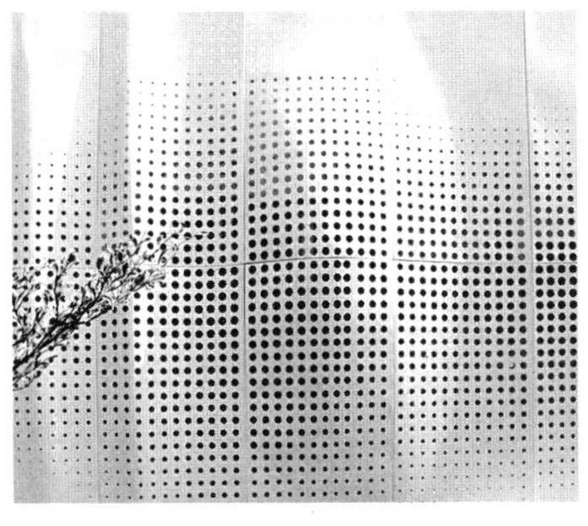

图3-2-16　某建筑立面之十一

将不同密度和大小的孔分布的穿孔板组合形成立面变化。

图3-2-17　某建筑立面之十二

（图片来源：张佳 摄）

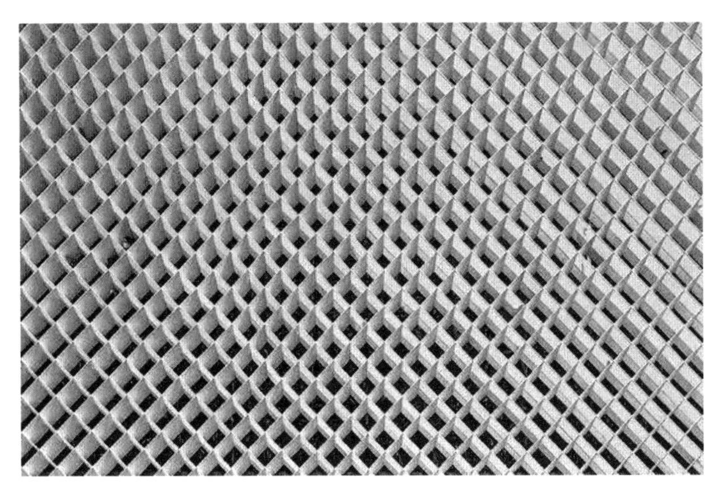

图3-2-18　某建筑立面之十三

（图片来源：张佳 摄）

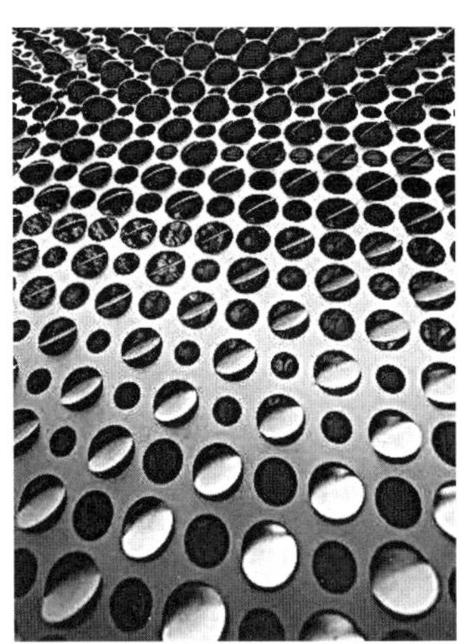

图3-2-19　某建筑立面之十四

图3-2-20　某建筑立面之十五

通过饰面砖的虚实组合构成变化丰富的细部。

图3-2-21　某建筑室内墙壁

（图片来源：网络）

（2）线（图3-2-22～图3-2-79）

“线”有着多种多样的形态，如直线、斜线、折线、弧线、曲线等，通过各种组合排列的方法，如平行、交叉、疏密、宽窄等，起到流畅起伏、引导缓急、形成框格等形体塑造的作用。

各种线的形态，给予人们不同的视觉印象和不同的审美情趣，如水平线给人以舒展、平衡的感觉，而延伸的垂直线则强调了高耸与上升的趋势，弧线与曲线则以其柔美、动势和飘逸吸引了浪漫的目光。

一扇扇窗格的划分都可千变万化，现代建筑在随意的表象下透露出设计人独特的构思与匠心：在多层、高层建筑立面中形成不同的“骨骼”，如正方形、长方形、流线型的不同组合切分了墙面，再加上建筑体块的叠加与穿插，淋漓尽致地表达了作品的独特手法与个性。

在当今城市，高层建筑林立，尤其是位于滨江、广场的建筑群体，突显着变化强烈的天际线和不同的城市特色，因而高层建筑的顶部成为建筑创意的重点部位之一。而线条往往以其动态感和连续性成为高层建筑顶部处理的首选。

图3-2-22　某建筑立面之十六

通过玻璃幕墙的框架组合形成凸起的竖向线条构成立面。

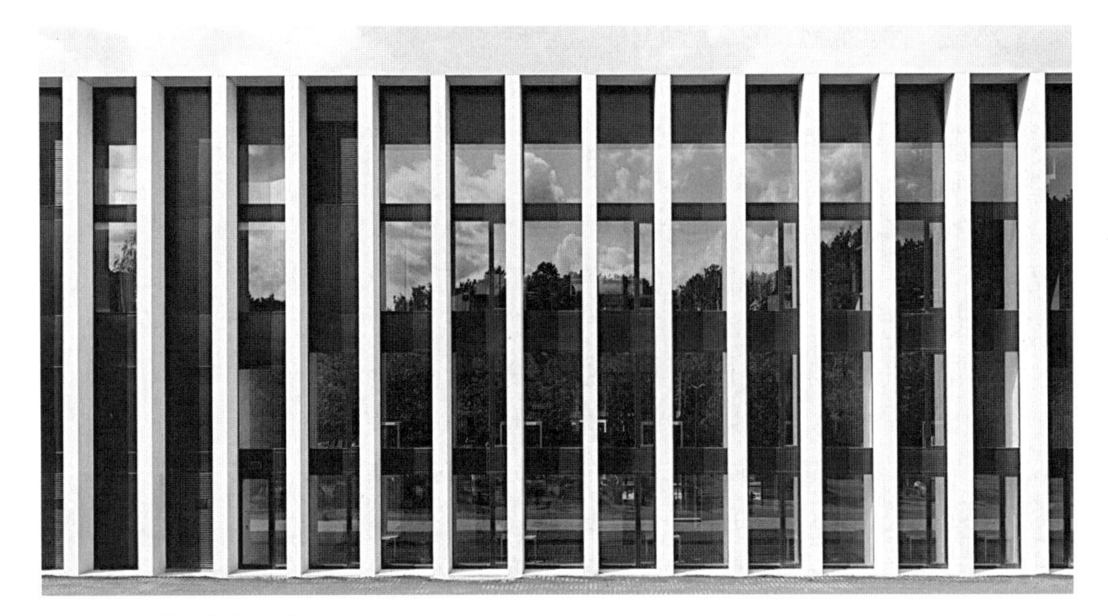

图3-2-23　某建筑立面之十七
（图片来源：网络）

图3-2-24　某建筑立面之十八
（图片来源：网络）

通过窗框的不规律扭转变化形成动态感立面。

图3-2-25　某建筑立面之十九

通过在玻璃幕墙上形成竖向的不规则线条装饰以构成立面。

图3-2-26　某建筑立面之二十
（图片来源：网络）

将窗户上的通风口进行规律的排列构成规则线条。

图3-2-27　某建筑立面之二十一
（图片来源：网络）

图3-2-28　某建筑立面之二十二
（图片来源：GAdocument）

图3-2-29　某建筑立面之二十三
（图片来源：网络）

图3-2-30　西格拉姆大厦立面
（图片来源：网络）

图3-2-31　某建筑立面之二十四
（图片来源：网络）

图3-2-32　某建筑立面之二十五
（图片来源：网络）

通过矩形饰面砖的不规则组合形成立体感的线条。

图3-2-33　某建筑立面之二十六
（图片来源：网络）

通过对遮阳板的装饰线条的粗细和颜色控制形成变化丰富的立面。

图3-2-34　某建筑立面之二十七
（图片来源：GAdocument）

图3-2-35　某建筑立面之二十八
（图片来源：网络）

图3-2-36　某建筑立面之二十九
（图片来源：网络）

图3-2-37　某建筑立面之三十
（图片来源：网络）

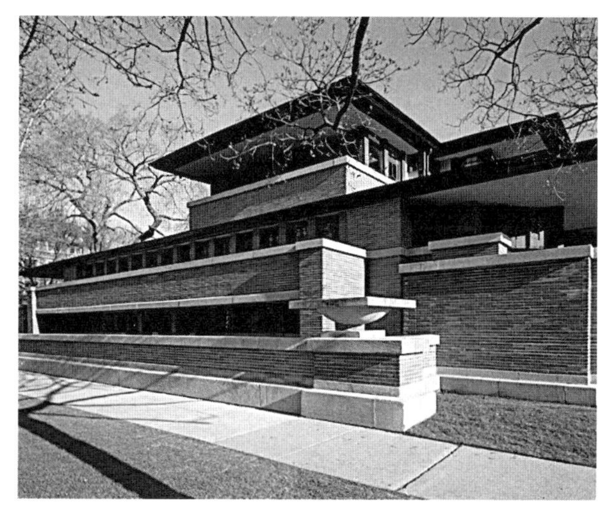

图3-2-38　莱特草原住宅立面线条

墙面砖的排布与出檐、线脚等细部共同构成了建筑的横向线条感。

图3-2-39　某公寓楼立面线条
（图片来源：网络）

通过阳台的横线线条转折变化构成立体感的建筑立面。

图3-2-40　某建筑立面线条之一
（图片来源：网络）

图3-2-41　江苏美术馆立面线条

图3-2-42　某建筑立面线条之二
（图片来源：网络）

图3-2-43　某建筑立面线条之三
（图片来源：网络）

图3-2-44　某建筑阳光房的线条细部

图3-2-45　某建筑立面线条之四

图3-2-46　某建筑立面线条之五
（图片来源：网络）

图3-2-47　某建筑立面线条之六

通过装饰线条的整块不同组合形成立面。

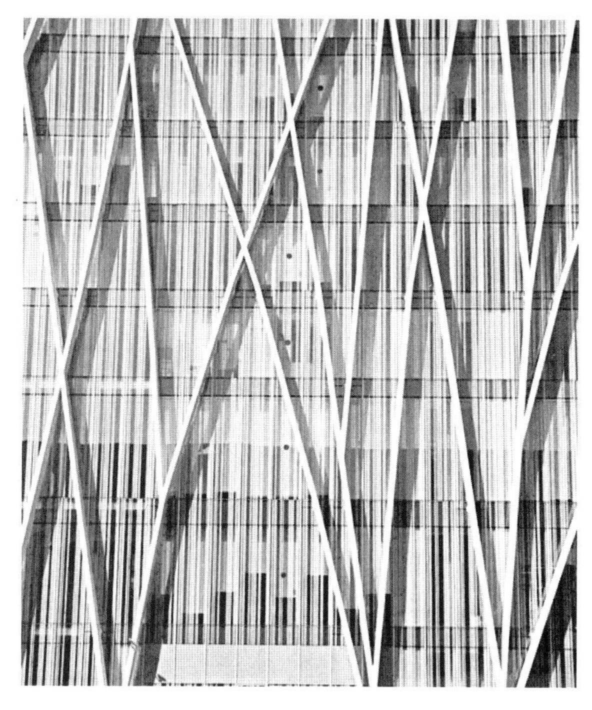

图3-2-48　某建筑立面线条之七
（图片来源：网络）

图3-2-49　某建筑立面线条之八
（图片来源：网络）

图3-2-50　某建筑立面线条之九
（图片来源：网络）

图3-2-51　某建筑入口线条
（图片来源：网络）

以矩阵状线条分隔整面玻璃墙。

图3-2-52　某建筑立面三角形组合线条

图3-2-53　某建筑立面三角形组合线条细部
（图片来源：网络）

图3-2-54　西雅图图书馆立面菱形组合的线条
（图片来源：网络）

图3-2-55　某建筑立面菱形装饰线条细部

图3-2-56　某建筑立面交错砖形组合线条

图3-2-57　某建筑立面线条之十
（图片来源：网络）

通过大三角和小三角的切割与组合形成丰富的立面细部。

图3-2-58　某建筑柱廊线条
（图片来源：网络）

图3-2-59　某建筑立面线条之十一
（图片来源：网络）

图3-2-60　某建筑立面线条之十二

通过玻璃幕墙的框架偏转、凹凸组合成动态感线条。

图3-2-61　某建筑立面渐变式线条

图3-2-62　某建筑立面线条之十三

通过悬挂式遮阳板的曲线状排列组合形成立面。

图3-2-63　某商场曲线立面

（图片来源：顾馥保 摄）

图3-2-64　某建筑立面线条之十四

（图片来源：网络）

通过立面装饰材料的狭长比例分隔形成纵向感立面。

图3-2-65　某建筑屋顶线条
（图片来源：网络）

图3-2-66　某建筑立面线条之十五
（图片来源：网络）

图3-2-67　某建筑立面不同深浅颜色的装饰面板线状排列组合

图3-2-68　上海喜马拉雅中心立面文字符号式线条

图3-2-69　某建筑立面线条之十六
（图片来源：网络）

通过对大落地窗玻璃的分隔线条形成典雅感立面。

图3-2-70　浙江美术馆入口屋盖线条
（图片来源：杜鹃 摄）

通过屋盖玻璃框架的线条隐喻中国古典建筑屋檐。

图3-2-71　某建筑立面线条之十七
（图片来源：网络）

图3-2-72　某建筑立面线条之十八
（图片来源：网络）

图3-2-73　某建筑立面线条之十九
（图片来源：网络）

图3-2-74　某建筑立面线条之二十

（图片来源：网络）

图3-2-75　某建筑立面线条之二十一

（图片来源：网络）

图3-2-76　某建筑立面线条之二十二
（图片来源：网络）

图3-2-77　某建筑立面线条之二十三
（图片来源：网络）

图3-2-78　某建筑立面线条之二十四
（图片来源：网络）

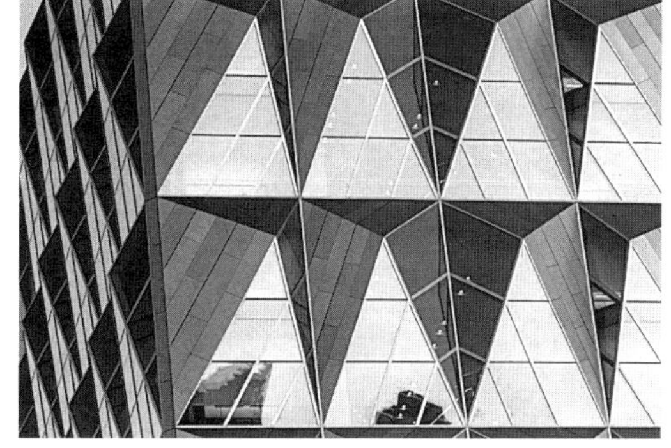

图3-2-79　某建筑立面线条之二十五

通过对窗框线条与立面装饰面板线条的平行和形式呼应形成统一感立面。

（3）面（图3-2-80～图3-2-111）

“面”的种类有平面、斜面、曲面等之分，对“面”进行切割、撕裂、镂空、皱折等处理，能给予观者较大的视觉冲击力，在“面”上还可将点或线进行组合、排列、分割，再辅以材料和色彩的配合，将产生无尽的变化效果。

常见以框格式为主，形成组织有序的墙面形态，可以通过形成不同断面、采用不同的比例与尺度，以及添加不同的细节而形成迥异的立面效果。

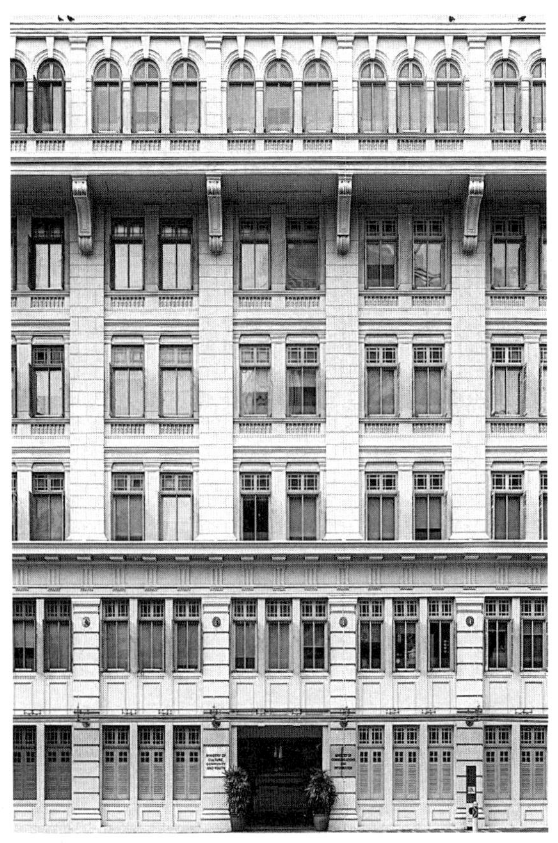

图3-2-80　某建筑各色窗户组合形成的立面

（图片来源：网络）

以渐变色窗户构成面状，形成丰富但稳定的立面。

图3-2-81　某建筑立面之三十一

（图片来源：网络）

将立面上形式难以协调的窗洞通过竹编材料形成面状遮蔽。

图3-2-82　某建筑立面之三十二
（图片来源：GAdocument）

图3-2-83　某建筑立面之三十三
（图片来源：GAdocument）

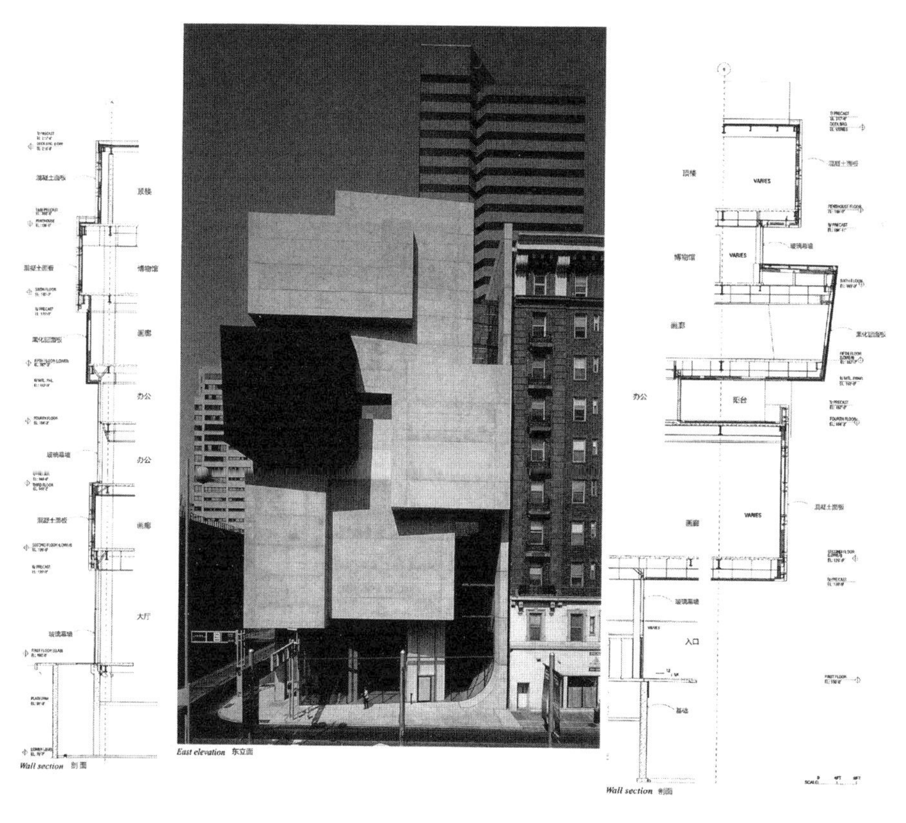

图3-2-84　某建筑立面及细部做法
（图片来源：GAdocument）

图3-2-85　某建筑立面之三十四
（图片来源：GADocument）

图3-2-86　某建筑立面之三十五
（图片来源：网络）

图3-2-87　某建筑立面上的面状装饰穿孔板
（图片来源：网络）

图3-2-88　某建筑立面上不同空洞穿孔板组合成面状细部

图3-2-89　某建筑立面之三十六
（图片来源：网络）

图3-2-90　上海金茂大厦底部面状细部
（图片来源：杜鹏 摄）

图3-2-91　某建筑立面之三十七
（图片来源：网络）

图3-2-92　上海证大喜马拉雅中心
（图片来源：网络）

图3-2-93　上海证大喜马拉雅中心细部
（图片来源：杜鹃 摄）

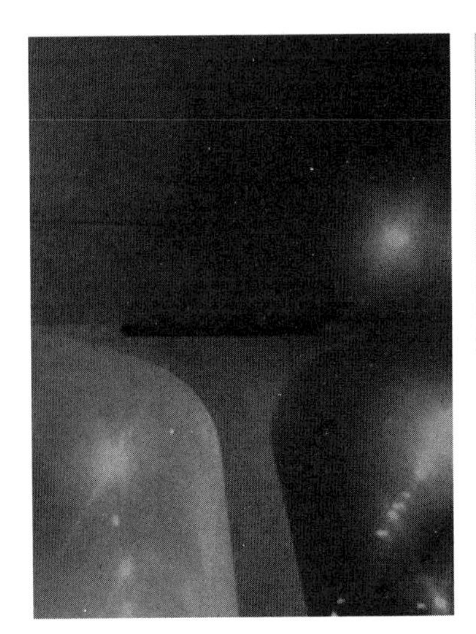

图3-2-94　上海龙美术馆西岸馆内的混凝土曲面
（图片来源：杜鹃 摄）

图3-2-95　某建筑入口的大型面状图案
（图片来源：网络）

图3-3-96　某建筑入口的不规则面状组合
（图片来源：网络）

图3-3-97　某建筑立面之三十八
（图片来源：网络）

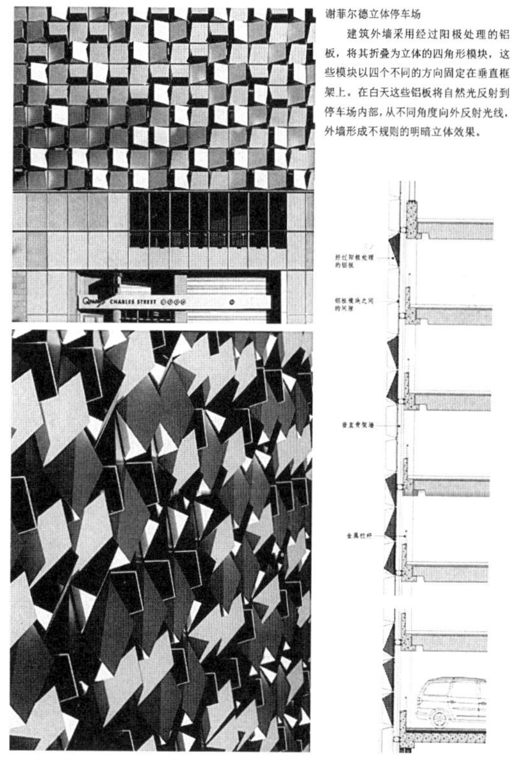

图3-2-98　谢菲尔德立体停车场立面及细部大样
（图片来源：GADocument）

图3-2-99　广州歌剧院立面
（图片来源：杜鹃 摄）

参数化设计的三角形面状细部由于施工精度不足而形成的立面瑕疵。

图3-2-100　美国莱斯大学停车场立面
（图片来源：网络）

通过半透明的面状遮光板形成整体感立面。

图3-2-101　广州图书馆立面
（图片来源：杜鹃 摄）

图3-2-102　某建筑相同纹理的面状石板组合成的整体感立面
（图片来源：网络）

图3-2-103　某建筑立面之三十九
（图片来源：网络）

图3-2-104　某建筑立面之四十

不同材质、形状、纹理的面状装饰板组合形成丰富立面。

图3-2-105　某建筑立面之四十一
（图片来源：网络）

阳台与窗户形成面状规律组合。

图3-2-106　某建筑石材面状的凹凸组合形成立体感立面

图3-2-107　某建筑玻璃幕墙与石材形成的立面

图3-2-108　某建筑立面之四十二
（图片来源：网络）

图3-2-109　某建筑立面之四十三
（图片来源：网络）

菱形面状金属板形成的立面。

图3-2-110　广东省博物馆立面
（图片来源：网络）

图3-2-111　某建筑立面之四十四
（图片来源：网络）

（4）体（图3-2-112～图3-2-148）

以点、线、面的不同组合手法，使得“体”产生了更丰富的变化，就如“体”可进行叠加、错叠、切割、倾斜、悬挑等不同组合，使得整体形态风格更具有丰富性和独创性。

从早期现代建筑以水平和垂直为骨骼体系的建筑形态，到今天发展各种非立方体的形态、建筑造型，通俗一点说，建筑的外部形态逐渐打破了历史以来的水平和垂直面，反而趋向塑造多角、非均等切割、流体化、“反重力”等创新性设计，在视觉上有意打破了坚实、稳定的传统观感。

图3-2-112　某建筑立面之四十五

图3-2-113　某建筑立面之四十六

图3-2-114　某建筑立面之四十七
（图片来源：网络）

图3-2-115　日本中银大厦立面

图3-2-116　某建筑立面之四十八

图3-2-117　某建筑立面之四十九

图3-2-118　重庆美术馆块状细部立面
（图片来源：杜鹏 摄）

图3-2-119　某建筑立面之五十
（图片来源：网络）

图3-2-120　某建筑顶盖
（图片来源：网络）

图3-2-121　重庆美术馆体块状细部
（图片来源：杜鹏 摄）

图3-2-122　加拿大梦露大厦
（图片来源：网络）

图3-2-123　上海世博会西班牙馆编织体立面细部
（图片来源：杜鹃 摄）

图3-2-124　印度黄金球圣殿
（图片来源：网络）

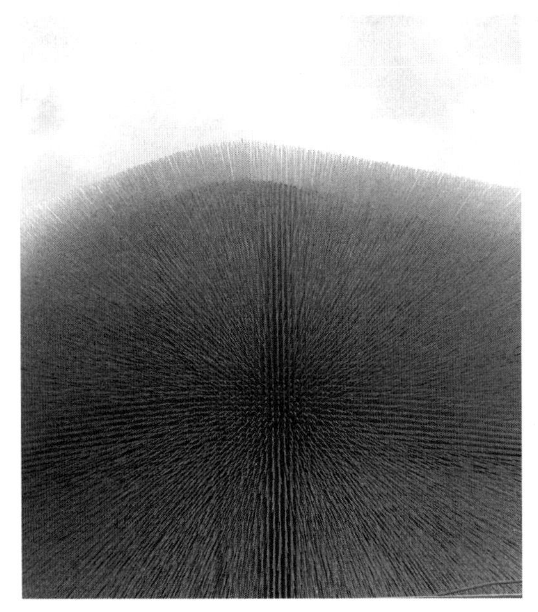

图3-2-125　上海世博会英国馆立面细部
（图片来源：杜鹃 摄）

图3-2-126　CCTV央视大楼

图3-2-127　某建筑群立面
（图片来源：网络）

图3-2-128　某建筑立面之五十一
（图片来源：网络）

图3-2-129　加利福尼亚水晶大教堂玻璃幕墙

图3-2-130　某建筑立面之五十二
（图片来源：网络）

图3-2-131　某建筑立面之五十三
（图片来源：网络）

图3-2-132　某建筑立面之五十四
（图片来源：网络）

图3-2-133　重庆大剧院立面
（图片来源：网络）

图3-2-134　某建筑立面之五十五

图3-2-135　弗兰克盖里设计的弗莱德与琴吉的房子
（图片来源：杜鹃 摄）

图3-2-136　某建筑立面块体组合细部
（图片来源：网络）

图3-2-137　某建筑立面之五十六
（图片来源：网络）

图3-2-138　北京积木阳光公寓立面

图3-2-139　某建筑屋盖的块体组合
（图片来源：网络）

图3-2-140　某建筑立面之五十七
（图片来源：网络）

图3-2-141　某建筑体块组合
（图片来源：网络）

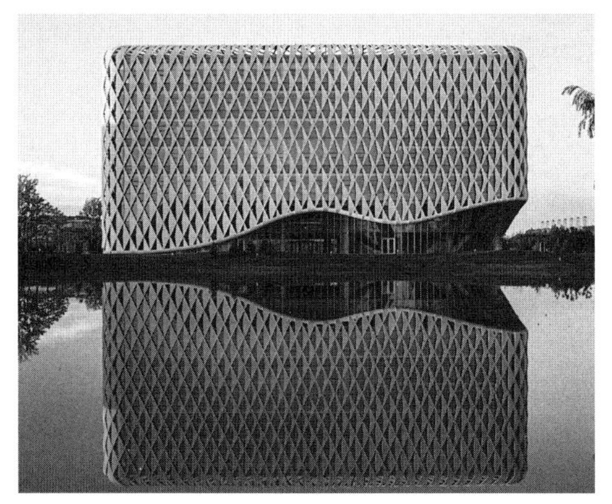

图3-2-142　某建筑立面之五十八
（图片来源：网络）

图3-2-143　某建筑窗户凹凸组合细部

图3-2-144　某建筑体块组合形成的立面
（图片来源：网络）

图3-2-145　某建筑阳台的进退变化形成的立面
（图片来源：网络）

图3-2-146　某建筑立面饰面板凹凸进退形成的体块变化

图3-2-147　某建筑阳台的体块变化形成的立面

图3-2-148　某建筑立面之五十九
（图片来源：网络）

3.2.2　构成设计方法

点、线、面、体所构成的现代建筑形态，它们所具有的形式感，虽然慢慢地抹去了建筑创作对于传统的一些记忆，但它也必然传递着强烈的情感与个性化体验，并在审美和文化层面上产生了丰富的表达方法。对于个体来说是记忆，对于群体来说则是历史，没有什么建筑是没有历史依托的，对历史的理解与运用显然才是体现建筑设计者才能与方法的核心部分，而这正是现代建筑的设计者们需要认真思考的问题。

这些解构在美学表达方面的方法有柔化、动感、分解等，而在文化表达方面的方法有文脉、符号、象征等。

（1）柔化：（图3-2-149～图3-2-159）[①]以线构成的墙面，通过排列、宽窄、虚实的不同处理方式，并以悬挂墙面的轻质金属或钢筋混凝土构件的水平或竖向组合，弱化了墙体的坚实感，表达出自然错落的韵律感，创造了似音乐的节奏美。

---

① 本小节图片除标注有单独注明外，均来自本书所列参考文献。

图3-2-149　某建筑的柔性线条立面

将立面装饰横向线条通过扭转、变形、凹凸等方式以柔化立面。

图3-2-150　某建筑立面之六十

通过由曲线状竖向线条渐变至直线线条以柔化单调立面。

图3-2-151　某建筑立面之六十一
（图片来源：网络）

通过立面金属板的转向渐变以柔化单调立面。

图3-2-152　某建筑立面之六十二

以渐变的竖向条纹柔化金属感立面。

图3-2-153　某高层建筑立面
（图片来源：网络）

图3-2-154　某建筑立面之六十三
（图片来源：网络）

图3-2-155　某高层建筑立面细部

以横向线条为主的高层建筑立面通过对阳台形体的曲线变化以柔化立面。

图3-2-156　上海虹口SOHO立面
（图片来源：网络）

通过立面装饰穿孔板线条的扭转以柔化立面。

图3-2-157　上海虹口SOHO立面局部
（图片来源：杜鹃 摄）

图3-2-158　某建筑立面之六十四

通过对玻璃幕墙线条的转折体现虚实变化以柔化单调立面。

图3-2-159　某建筑立面局部
（图片来源：网络）

通过虚实线条的变化以柔化生硬立面。

（2）动感：（图3-2-160～图3-2-168）以曲线、弧线和曲面、弧面构成的形体，具有一种流线般的动感，内部空间的多向、多变与外部的造型构成相呼应的整体。一些设计师从整体造型到墙面划分，再到入口细部，均以流畅、不间断、富于动感的弧线和曲线构成。其中的杰出代表为伊朗藉女建筑师扎哈·哈迪德（Zaha Hadid），其创作的“动感建筑”以独特的风格而风靡世界。

图3-2-160　某建筑金属板贴面细部组合形成的动态感立面

图3-2-161　某建筑不同反光角度的玻璃细部组合形成的动态感细部

图3-2-162　某机场内部大厅曲线状饰面板细部构成的动态感效果

（图片来源：网络）

图3-2-163　某车站建筑屋盖的动态感细部
（图片来源：网络）

图3-2-164　某车站建筑结构形成的动态感细部
（图片来源：网络）

图3-2-165　银河SOHO立面
（图片来源：杜鹃 摄）

图3-2-166　银河SOHO立面动态感细部之一
（图片来源：杜鹃 摄）

图3-2-167　银河SOHO立面动态感细部之二
（图片来源：杜鹃 摄）

图3-2-168　郑东新区规划纪念馆环状立面细部
（图片来源：杜鹃 摄）

（3）分解：（图3-2-169～图3-2-185）摘取传统建筑局部构件或细部进行解构和重组，有些设计将其适当加以简化，或适当调整部位，便可强化历史与地域文化的记忆；而有些将形体“支解”为碎片并进行无序、错列的不规则组合，打破了横平竖直的常见方体组合，给人以强烈的视觉刺激。

有的设计甚至从弧形、曲线发展为扭曲、错环、错叠等，使造型可以随心所欲，富于视觉冲击力，导致有的作品刻意展现光怪陆离，而有的则追求标新立异，可谓花样百出。

图3-2-169　上海嘉定剧院立面
（图片来源：杜鹃 摄）

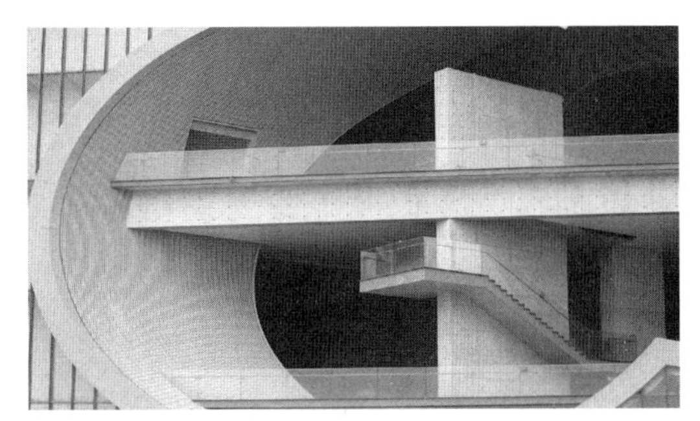

图3-2-170　上海嘉定剧院立面细部
（图片来源：杜鹃 摄）

图3-2-171　某建筑立面细部之一

遮阳格栅细部分解了立面的大体量。

图3-2-172　某建筑立面细部之二
（图片来源：网络）

窗户与体块组合变化分解了整体体块，起到变化的作用。

图3-2-173　某建筑立面细部之三

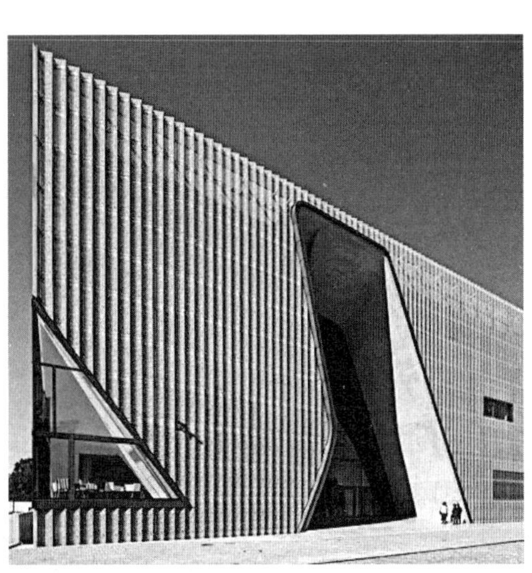

图3-2-174　某建筑立面细部之四

立面变化、动态感的装饰线条起到消解巨大体量的作用。

图3-2-175　某建筑立面细部之五

通过入口与门窗的缺口分解了整体体块。

图3-2-176　某建筑立面细部之六

图3-2-177　某建筑立面细部之七

（图片来源：网络）

图3-2-178　某建筑立面细部之八

通过体块的微凹凸分解了体量感。

图3-2-179　丽泽SOHO立面细部
（图片来源：网络）

图3-2-180　某建筑立面细部之九

开口形成的细部分解了整体的体块感，打破了呆板。

图3-2-181　某建筑立面细部之十
（图片来源：网络）

图3-2-182　某建筑立面细部之十一

循回往复的装饰线条细部消解了立面的单调。

图3-2-183　某建筑立面细部之十二
（图片来源：网络）

图3-2-184　某建筑立面细部之十三
（图片来源：网络）

立面材料的纹理感分解了形式的呆板。

图3-2-185　某建筑立面细部
（图片来源：网络）

通过立面装饰面板细部的分隔线条消解了立面的巨大体量感。

（4）符号与象征：（图3-2-186～图3-2-213）

从符号系统论的观点来看，建筑符号系统有指称、表达、传输和记忆等多种功能，也是人类认识活动最重要的特征之一，也同样体现了人类接近和掌握客体极为重要的作用和意义。而这可以帮助人类认识主体，积极主动地克服和消除在不同时段、不同空间和客体之间的分离或隔离。在现代主义建筑发展进程中，将具一定文化思维和意义的符号进行分析、归纳、诠释、解构、编码和重组作为创作思路的主要切入点，加之20世纪中期以罗伯特·文丘里（Robert Venturi）"建筑的矛盾性与复杂性"与查尔斯·詹克斯（Charles Jencks）的"后现代主义建筑"等论著为支撑，共同推动了20世纪后期建筑流派的纷纷呈现和多元化创作。

贝吕斯奇指出，我们需要容忍"以往所有的形式与象征，因为人们需要它们……因为它们提供了一种连续的感觉，这种感觉使人们对它们的发展演变确信不移。"正是这种"象征性"将一个社会凝固在一起，而这些"象征性"恰是坚实地根植于历史的。因此建筑中的象征与符号可以将人们的记忆、情感与过去相连接，增强社会的各种联系。在建筑设计中，符号"残留"这种方法常用于有历史价值的建筑改造和扩建项目，将原有建筑的精彩部分保留下来并融入新建筑中，成为新建筑的一部分。这种处理方法有助于历史文化的延续和新旧建筑的相互协调。

图3-2-186　宁波历史博物馆立面
（图片来源：网络）

图3-2-187　宁波历史博物馆建筑立面细部
（图片来源：网络）

旧砖瓦不规则组合形成的立面隐喻了本地历史。

图3-2-188　某餐饮建筑立面细部

符号化门窗细部隐喻了传统文化。

图3-2-189　郑州博物馆立面细部
（图片来源：顾馥保 摄）

立面金属装饰的乳钉状纹样隐喻了本地出土的青铜器的历史。

图3-2-190　中国人民银行立面细部

建筑细部与整体体块共同隐喻了聚宝盆的形象。

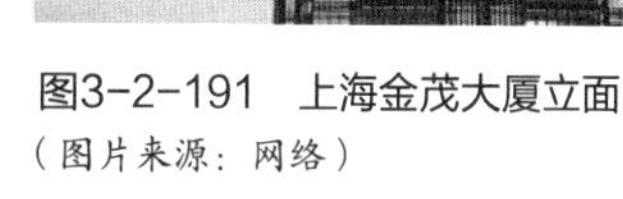

图3-2-191　上海金茂大厦立面
（图片来源：网络）

图3-2-192　上海金茂大厦细部
（图片来源：网络）

细部的出檐变化隐喻了佛塔的形式。

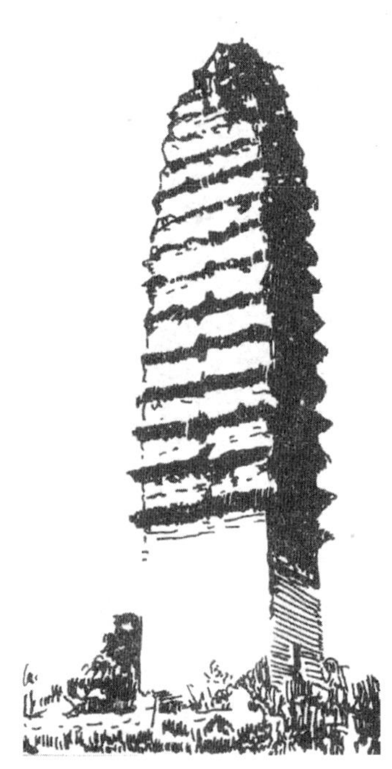

图3-2-193　法王寺佛塔

图3-2-194　登封嵩岳寺塔

图3-2-195　郑州绿地中心千玺广场
（图片来源：网络）

图3-2-196　某莲花造型建筑

建筑塔尖细部与体块细部共同隐喻了莲花的花蕊与花瓣纹理形式。

图3-2-197　印度莲花寺

（图片来源：网络）

图3-2-198　某花瓣造型博物馆建筑

（图片来源：网络）

图3-2-199　延安大学校园建筑

（图片来源：网络）

建筑的门窗拱洞形式隐喻了陕北窑洞民居。

图3-2-200　北京西站建筑

（图片来源：网络）

西站的屋顶样式符号式表征了中国古典建筑。

图3-2-201　沈阳“九·一八”纪念碑

（图片来源：网络）

碑体上的大小孔洞细部象征着弹孔，隐喻了“九·一八事变”的残酷历史。

图3-2-202　四川自贡彩灯博物馆

（图片来源：网络）

宫灯样式的屋檐与圆灯样式的窗户是彩灯的符号式表征。

图3-2-203　新奥尔良市意大利广场

（图片来源：网络）

多种罗马柱式与檐部等古典建筑细部的解构式重组象征了意大利的历史文化。

图3-2-204　美国AT&T电报大楼

后现代主义的屋顶山花缺口隐喻了古典主义建筑。

图3-2-205　美国波特兰市公共服务中心立面
（图片来源：网络）

图3-2-206　美国波特兰市公共服务中心立面细部
（图片来源：网络）

将古典建筑细部夸张化的应用于建筑立面隐喻了建筑历史。

图3-2-207　提巴欧文化中心细部模型
（图片来源：杜鹃 摄）

建筑细部的形式隐喻了奴美亚的土著棚屋。

图3-2-208　提巴欧文化中心细部模型
（图片来源：杜鹃 摄）

图3-2-209　悉尼歌剧院立面细部
（图片来源：网络）

屋顶细部与建筑整体形式共同隐喻了海上风帆。

图3-2-210　福建长乐海之梦

屋盖细部与建筑整体形式共同隐喻了海螺。

图3-2-211　上海市博物馆
（图片来源：网络）

立面细部与建筑整体形式共同隐喻了“天圆地方”的理念。

图3-2-212　威海甲午海战纪念馆

建筑细部的装饰图案和雕塑以及建筑整体形式共同象征了海战战船乘风破浪的寓意。

图3-2-213　郑州二七纪念塔
（图片来源：网络）

双联塔的形式隐喻了原有的灯塔，屋顶的红五星象征了工人阶级的抗争。

参考文献

[1] 陈镌，莫天伟．建筑细部设计［M］．上海：同济大学出版社，2008.

[2] 李幼蒸．结构主义和符号学［M］．北京：三联出版社，1987.

[3] 马进，杨靖．当代建筑构造的建构解析［M］．南京：东南大学出版社，2005.

[4] 李允鉌．华夏意匠——中国古典建筑设计原理分析［M］．天津：天津大学出版社，2005.

[5] 童寯．近百年西方建筑史［M］．南京：南京工学院出版社，1986.

[6] 汪坦，藤森照信．中国近代建筑总览［M］．北京：中国建筑工业出版社，1997.

[7] 陈从周，章明．上海近代建筑史稿［M］．上海：上海三联书店，1988.

[8] 王绍周．中国近代建筑图录［M］．上海：上海科学技术出版社，1989.

[9] 陈保胜．中国建筑四十年［M］．上海：同济大学出版社，1992.

[10]（英）杰弗里·斯科特．人文主义建筑学——情趣史的研究［M］．北京：中国建筑工业出版社，2012.

[11]李超．建筑细部设计［D］．北京：北京工业大学，2005.

[12]马贵．建筑细部设计研究［D］．重庆：重庆大学，2007.

[13]陈冠宏．建筑“精致性”设计之细部设计研究［D］．大连：大连理工大学，2005.

[14]舒波．符号思维与建筑设计［D］．重庆：重庆大学，2002.

[15]辛伟．现代建筑细部设计的地域性表达［D］．西安：西安建筑科技大学，2008.

[16]李春．贝聿铭现代主义建筑美学研究［D］．济南：山东师范大学，2019.

[17]张曼．当代西方建筑符号的审美研究［D］．哈尔滨：哈尔滨工业大学，2013.

[18]王伟．阙里宾舍的实践与话语［D］．南京：东南大学，2020.

[19]邓洁．建筑的译本——A·阿尔托对建筑民族化的启示［J］．时代建筑，1992（01）：56-59.

[20]章迎尔．建筑符号学引论——关于建筑的符号性问题的讨论［J］．新建

筑，1995（01）：11-14.

[21]尤翔．近代中国西方古典建筑的细部分析［J］．南京工业大学学报（自然科学版）．2002（05）：92-98.

[22]杨亦陵，杨漾．由佛罗伦萨育婴院和主教堂穹顶看文艺复兴建筑巨匠伯鲁乃列斯基的建筑创新和继承［J］．中外建筑，2018（03）：37-40.

[23]郭宇，卞洪滨．隈研吾“消解建筑”的建构方法分析［J］．世界建筑，2010(10)：132-137. DOI: 10.16414/j.wa.2010.10.022.

[24]李垚．建筑细部设计理念——解读卡洛·斯卡帕及马里奥·博塔的作品［J］．四川建材，2016，42（03）：67-68.

[25]荷雅丽，李路珂，蒋雨彤．古迹重绘——“德意志”视角下的彩饰之辩：希托夫、森佩尔、库格勒与他们这一代（下）［J］．世界建筑，2017（11）：80-88+122. DOI: 10.16414/j.wa.2017.11.017.

[26]汪淼，单姝敏，王薇．从北京大学百年建筑发展探讨现代主义之于中国建筑细部的影响［J］．住宅科技，2020，40（05）：59-63. DOI:10.13626/j.cnki.hs.2020.05.013.

后记

本书为“建筑设计要素丛书”其中之一，丛书主要面向当代年轻建筑师和建筑学子们，所以本书尽可能以平实简洁的文字和丰富的建筑图片进行讲解。在编撰过程中，两位作者先后查阅了大量文献，尽可能做到资料详实，也收集了大量图片，并将其梳理分类，以期与读者分享共同学习。本书中，大部分案例图片为杜鹃和顾馥保教授所摄，同时感谢好友王玲和朱珺成提供部分自摄图片并无偿分享。本书在理论讲解部分，不可避免地引用了一些知名建筑的照片，本书将所引用的图片在参考文献内列出，引用的图片版权归原作者所有，本书仅作介绍评论用；此外，还有部分图片引自网络，由于无法确认原作者，所以未在正文中一一标注作者姓名与作品名称，本书引用图片仅供分析和学习用，如有需要，可与本书作者联系。

本书的写作过程也是一个学习和成长的过程，作为年轻的教师和工程师，两位作者的经验有限，幸而得到郑州大学顾馥保教授的帮助，顾老师的渊博学识和写作水平令我们敬佩不已，使我们受益良多。感谢顾馥保教授对我们两位作者的悉心指导，使我们能够顺利完成本书的编写，也使我们的建筑理论知识和水平都有了长足进步。

也要感谢郑州大学建筑学院郑东军教授对我们的帮助和支持，以及为此书进行编辑的孙硕编辑，在出版时间紧张的情况下付出了大量精力，形成了此书的精美效果。

最后感谢我的丈夫张允喆，给予我生活上无微不至的关怀和工作上的大力支持，在编写本书的过程中，我一度因病暂停数月，是他悉心照料并为我加油打气，鼓励和督促我继续完成，使得本书能够顺利完成。

杜　鹃

2022年1月